基于多源数据融合的采煤机截割载荷识别与预测研究

田立勇 著

中国矿业大学出版社

·徐州·

内容简介

滚筒载荷识别与预测是实现采煤机煤岩识别、自动截割及截割部传动系统故障诊断的关键。本书主要介绍基于多传感器的滚筒载荷感知方法，多传感器数据特征提取与降噪模型构建方法，基于多传感器信息融合的滚筒载荷辨识策略。本书可供从事矿山机械、机电自动化等专业的工程技术人员和科研工作者参考使用。

图书在版编目(CIP)数据

基于多源数据融合的采煤机截割载荷识别与预测研究/田立勇著. -- 徐州 ：中国矿业大学出版社，2022.8

ISBN 978 - 7 - 5646 - 5354 - 5

Ⅰ. ①基… Ⅱ. ①田… Ⅲ. ①采煤机—截割部—动载荷—识别方法—研究 Ⅳ. ①TD421.6

中国版本图书馆 CIP 数据核字(2022)第 066189 号

书　　名 基于多源数据融合的采煤机截割载荷识别与预测研究
著　　者 田立勇
责任编辑 于世连
出版发行 中国矿业大学出版社有限责任公司
(江苏省徐州市解放南路　邮编 221008)
营销热线 (0516)83884103　83885105
出版服务 (0516)83995789　83884920
网　　址 http://www.cumtp.com　**E-mail**:cumtpvip@cumtp.com
印　　刷 徐州中矿大印发科技有限公司
开　　本 787 mm×1092 mm　1/16　**印张** 8.75　**字数** 219 千字
版次印次 2022 年 8 月第 1 版　2022 年 8 月第 1 次印刷
定　　价 50.00 元

前　言

综采工作面环境恶劣、管路繁琐、设备动作复杂，并且存在强烈的振动噪声等干扰信号。因此，综采装备运动部件和关联配套零部件的测试信号采用有线传输方式，根本无法保证线路的安全和可靠性。研发高可靠性、高精度无线传感器及测试方法成为关键问题。采煤机是煤矿井下最为重要的采煤设备，其性能和稳定性直接决定采煤工作面的煤炭开采产量。采煤机滚筒在截割过程中经常受到强烈的冲击载荷，导致滚筒上的截齿异常磨损或摇臂内的齿轮断齿失效等问题。滚筒截割夹矸煤岩后，选煤系统需要对煤矸进行分拣，这增加了煤炭开采的复杂程度。因此，滚筒载荷识别与预测是实现采煤机煤岩识别、自动截割及截割部传动系统故障诊断的关键问题。

通过理论分析、仿真模拟及试验测试相结合的方法，发明了基于多传感器的滚筒载荷感知方法，构建了多传感器数据特征提取与降噪模型，研究了基于多传感器信息融合的滚筒载荷辨识策略，实现了采煤机滚筒载荷实时感知与精确预测。本书主要创新点包括：(1) 设计了截齿载荷、惰轮轴载荷、摇臂应变量监测传感器；基于截齿载荷、惰轮轴载荷、摇臂应变量监测，构建了多信息融合的采煤机滚筒载荷感知方法与技术。(2) 构建了包含摇臂变形的采煤机截割部传递系统的多体动力学模型，获得了能够表征滚筒载荷的应力、应变感知的最佳安装位置，获取了滚筒载荷与惰轮轴载荷、摇臂销轴载荷、摇臂壳体应变量间的关联信息特征规律。(3) 以截割部多传感器测试数据为样本，采用深度神经网络模型，构建了采煤机截割滚筒载荷辨识模型，实现了基于多传感器的滚筒载荷精确识别。

由于作者水平有限，书中难免存在错误之处，敬请读者批评指正。

作　者

2022年2月

目 录

第1章 绪 论

1.1 采煤机截割载荷识别研究背景

在搭建的1∶1模拟综采成套装备试验台基础上，通过所研究的采煤机摇臂内嵌式传感器及多参量无线测试与数据分析方法，解决了湿、热、振动等强烈干扰所引起的多信号噪声消除问题，实现了采煤机滚筒载荷的精确感知与识别。

在综采工作面中，由于环境恶劣、管路复杂、设备动作复杂，且存在着强烈湿、热、振动噪声等干扰因素，所以综采装备运动和关联配套零部件的测试信号采用有线传输方式，根本无法保证传输线路的安全和可靠性。研发高可靠性、高精度无线传感器及其测试方法成为解决上述问题的关键。

采煤机是煤矿井下最为重要的采煤设备。其性能和稳定性直接决定了工作面的煤炭开采产量。由于受煤矿井下工作面围岩节理发育不均匀、夹矸等因素的影响，所以采煤机在滚筒截割过程中经常受到强烈的冲击载荷。这导致滚筒上的截齿异常磨损和摇臂内的齿轮断齿失效等。此外，滚筒截割下夹矸煤岩后，选煤系统还需要对煤矸进行分拣，这增加了煤炭开采的复杂程度。因此，采煤机的滚筒载荷识别技术成为煤矿智能装备领域的研究热点。

针对上述问题，从采煤机实际工况出发，研究发明了采煤机截齿、惰轮轴、摇臂销轴等多种内嵌式载荷测试传感器及其无线测试系统，实现了对截齿截割冲击力、滚筒截割扭矩、摇臂销轴等载荷的同步实时检测，并通过数据特征提取与深度神经网络预测技术，研究了多传感器信息融合采煤机摇臂力学特性分析和结构设计优化提供数据分析和指导。

1.2 采煤机截割载荷识别研究现状

1.2.1 国外采煤机截割载荷识别研究概况

20世纪60年代，国外学者开始研究采煤机截割载荷，以降低采煤机吨煤损耗、增大块煤率、增加采煤机截齿使用寿命、提高采煤自动化水平等。这会使采煤机截割效率大大提高，会给煤矿企业生产带来更高的效益。

2019年，西蒙年科等分析了在露天开采非金属矿床时，从单位成本出发，采运设备的最佳机械化体系；采用统计分析方法得出了相关结果。在满足机械强度的基础上，他们介绍了一种确定设备系统在生产过程及加工成最终产品过程中操作的特定功率强度的技术；通过对非金属露天开采中使用的牵引-装载-运输设备的评价，论证了在规划和开发露天开采方法时使用作业比功率的可行性。

2018年，赫里诺夫等分析了开发和验证选择工作面机械化方式的方法，分析了现有的采矿工艺优化方法。他们通过使用网络模型和图，根据采煤工作面工艺参数、回采设备操作参数、技术经济性能之间的关系，确定了在一定的性能水平下形成煤田作业工艺方案的规律；开发了决策支持系统，优化了操作参数，降低了生产成本，选择了具有一定性能水平的采场机械化综合设备的结构。

2017年，谢里亚科夫等分析了断层带综放放顶煤开采过程中岩体的应力状态；通过对综采长壁系统进行拆装，并在新房间内对其进行重新装配，确定了煤与主岩在掘进接近位错和重新装配开始的后位错开采过程中的应力重分布。

2017年，侯塞尼等研究了目前应用最广泛的低倾斜到高倾斜煤层开采方法——长壁开采法；介绍了模糊层次分析法在汉卡尔煤矿选矿中的应用；使用FAHP模型，考虑了煤层倾角、煤层厚度、煤层均匀性、煤层扩容、断层、裂隙和节理、地下水、上盘强度、下盘强度、煤体强度、地应力、设备打捞、稀释、系统柔性、运行成本等15个主要指标对采煤设备系统的影响。他们的研究结果表明：在6种考虑的长壁采煤设备系统方案中，最合适的采煤设备系统是采用下盘采煤机和液压支柱的重力输煤系统。

2016年，辛格尔顿研究了煤矿井下使用的装载机、破碎机、动力输送装置等旋转设备在恶劣工作条件下工作情况。得出以下结论：① 在地下，装载机、破碎机、电动机、变速箱和输送动力装置的流体联轴器都安装在位于矿山地面的钢结构中。在一些矿山，整个设备或者部分设备浸没在泥浆中运行。② 矿山的典型做法是对设备进行大修，即在采煤后更换轴承、密封件、电动机和流体联轴器。大修后，设备通常在维修时进行空载试车。电机修理厂通常在将电机运至矿山或修理厂之前，在卸载电机的每个轴承座处测量振动。矿山设备装配完成后，空载运行，检查潜在的缺陷，如漏油、滚动轴承故障、转子不平衡、对中误差、密封摩擦、液力耦合不平衡等，在设备返回使用之前要检测出缺陷。

2016年，伊利亚斯等设计了一系列的创新方案以解决厚煤层采煤机械化面临的效率问题，提出了机械化复杂开采的新概念。他们提出的概念适用于新一代工作高度增加的机械化长壁工作面施工，在提高生产率方面具有很大的优势。

1.2.2 国内采煤机截割载荷识别研究概况

采煤机截割载荷识别技术是国内外公认的研究热点。我国是产煤大国。国内许多学者在采煤机截割载荷的识别和预测方面做了大量研究。

(1) 采煤机截割载荷识别相关研究

20世纪80年代，我国大量学者对以采煤机滚筒工作时的切割力学为基础的煤和岩石的鉴定方法进行了研究。最近几年，众多专家利用模糊神经网络、小波包分析技术、数值模拟和仿真技术研究，并对其理论体系和技术框架进行了丰富和改进。

2019年，田立勇、李文政、隋然构建在斜切工况下采煤机整机空间力学模型，根据煤岩截割理论，结合煤岩性质与采煤机结构参数，利用MATLAB求解计算采煤机滚筒截割载荷与滑靴各接触载荷，提出一种基于多传感器融合的采煤机滑靴受力检测系统；构建滑靴有限元模型，以滑靴最大斜切受载试验数据进行有限元仿真分析，得到在斜切工况下滑靴的应力云图与位移云图，为滑靴结构优化提供基础。

2019年，王箐谕构建采煤机摇臂连接销轴静力学模型；针对模型过约束而导致求解结果发散问题，使用有限元分析方法对摇臂销轴受力进行仿真分析，获得无连接架时摇臂不同举升角度和销轴间隙量下两段式、一段式连接销轴最大应力和最大变形量分布，加装连接架时连接销轴最大应力和最大变形量分布。他采用多体动力学仿真软件Recurdyn分别对采煤机摇臂、连接架、连接销轴进行柔性化处理，建立了采煤机摇臂-连接架-机身刚柔耦合动力学模型，获得无连接架时摇臂不同举升角度和销轴间隙量下两段式、一段式连接销轴接触力，加装连接架时连接销轴接触力。

2019年，毛君、杨辛未、陈洪月以MG500/1130-WD型采煤机为研究对象，设计一种三向动态特性测试方案和无线应变数据采集系统，以实现截割部与牵引部在空载行走、斜切进刀、重载截煤三种不同工况下工作过程中动态特性的实时检测，并进行试验验证。其试验结果表明：该方案可有效测量不同工况下截割部与牵引部载荷冲击最大值及其发生方向与位置，并可测得不同方向载荷冲击变化幅度。

2019年，郝志勇、周正敵、袁智、郝志勇、张佩、毛君建立采煤机摇臂空间力学模型，分析摇臂销轴受力情况。他们用销轴传感器与压力环传感器替换原有销轴和压力环，对其标定后进行试验，测量不同工况下销轴与压力环三向微应变数据，分析微应变时域特性，获取载荷极值出现位置，利用小波分解对载荷谱进行降噪处理，进行载荷谱分形关联维数计算，研究载荷谱分形分布规律。

2018年，田立勇、隋然等建立采煤机截齿三维模型并对其进行受力分析，提出一种基于应变传感器的截齿受力监测系统，通过对原有截齿改造、安装应变传感器实时测量工作过程中截齿三向力曲线并进行试验验证。该试验结果与相关理论计算值接近。该受力监测系统能够准确对截齿三向受力进行检测。

2017年，范晓婷，利用ADAMS建立摇臂传动系统虚拟样机模型，仿真得出在恒定载荷作用下齿轮啮合力情况。在摇臂壳体模态分析与瞬态动力学分析的基础上，她研究摇臂振动机理，利用功率流理论分析摇臂振动传递特性，基于模态置信准则利用粒子群优化算法对摇臂传感器进行优化布置，并通过加载试验台对其进行验证。

2017年，郝志勇、张佩、宋振铎等研究斜切工况下采煤机滚筒截齿分布对载荷谱的影响规律，提出一种截齿载荷实时监测系统，对截齿齿座进行改造，安装应变传感器，测量斜切进刀工况下不同截线上截齿测试载荷力并分析其波动规律；利用雨点法分析单个截齿载荷谱规律。他们发现：单个截齿上的截割力的瞬时值服从对称性较好的Gamma分布，其分布参数随截齿布置位置呈一次傅立叶级数关系，为研究截齿载荷谱规律提供了一种新方法。

2017年，王海舰研制采煤机煤岩截割试验平台，分析采煤机截割煤岩过程中的振动、声发射、电流以及红外信号特征，进行随机煤岩界面截割试验，对煤岩界面融合决策识别模型测试样本进行融合分析，对比单一信号与多信息融合方法的识别精度，对融合识别结果进行优化。他确定不同煤岩比例截割过程中各特征信号的变化规律，建立不同截割比例煤岩试件的截割多特征信号样本数据库，实现煤岩界面的有效、精确识别。其研究结果表明：煤岩界面多信息融合决策模型具有较高的识别精度，能够实现截割过程中煤岩界面的准确、快速识别。

(2) 采煤机截割载荷感知相关研究

在采煤机载荷感知方面，国内的专家学者研究了很多方法，并将这些方法应用于采煤机

试验中。其中,智能控制与设备诊断方面:

2019 年,蒋干以采煤机截割声音信号和摇臂振动信号为依据,搭建基于多传感信息融合的采煤机煤岩截割状态识别系统,对原始数据小波阈值去噪后进行 IGSA-VMD 分解,提取信号特征向量并 PCA 降维后,利用改进果蝇优化算法,通过 IFOA-RBF 神经网络实现了单一传感信号下的煤岩截割状态识别,将识别结果经 D-S 证据理论融合后,得到最终的煤岩截割状态识别结果。

2019 年,吕帅分析了采掘装备常见故障,以采煤机故障特征信息为基础,利用 MATLAB 编程设计基于 SOM 神经网络的故障诊断模型并进行仿真验证。提出一种基于 PLC 控制与组态的采煤工作面装备集中智能监控系统,实现工作面设备运行信息的监控与管理。

2019 年,张鑫媛在分析采煤机摇臂传动系统故障征兆及振动特征基础上,提出基于多阈值小波包和 EMD 多分量信息熵的振动特征提取方法,建立基于改进深度置信网络优化算法的采煤机摇臂传动系统故障诊断模型并搭建试验平台验证方法有效性。

2019 年,钟贵萍提出一种基于 BP-Adaboost 集成学习算法的采煤机截割部轴承故障诊断方法用于解决传统方法存在噪声敏感以及泛化性能较弱问题,利用非线性逻辑回归算法进行采煤机截割部轴承故障诊断,通过 JAVA 与 MATLAB 混合编程设计了截割部轴承故障诊断系统并进行试验验证。

2019 年,郑芝艳建立了基于 MATLAB/SIMULINK 和 ADAMS 的采煤机截割部机电联合仿真模型,以 LS-DYNA 仿真所得滚筒载荷为激励进行迭代仿真,得到电机特性与滚筒载荷间关系,利用有限元分析方法对采煤机截割部扭矩轴进行静力分析,确定了在额定载荷下扭矩轴扭断的结构和参数数临界值。对采煤机截割部刚柔耦合动力学特性仿真,通过改变扭矩轴的结构和参数,得到了对截割部传动系统其他零件以及截割电机的动力响应影响。

2018 年,刘译文利用红外热成像技术对采煤机截割煤壁过程中的截割模式进行识别,提出基于果蝇算法改进小波变换与图像去噪算法,提取红外热成像图中采煤机截割部特征,利用基于形态学与时空上下文的采煤机截割部跟踪算法,实现采煤机截割部位置跟踪,以通过检测截割前后的温度数据,建立采煤机截割模式识别模型 BP 神经网络,为实现采煤机的智能控制提供依据。

2018 年,易园园建立了一种适用于变速、变载等非稳态工况的截割部异步电机驱动多级齿轮传动系统的机电耦合模型,研究其固有振动特性,并分析了电机磁场、电机转速及加速度对系统固有振动特性的影响以及外部负载变化对截割传动系统固有振动特性和机电响应特性的影响规律;建立了传动系统减振抗冲性能优化模型,以截割电机电流为反馈信号,确定不同过载工况下的最佳调速策略,提高截割传动系统对复杂突变工况的自适应性并进行试验验证。

2018 年,葛帅帅建立采煤机截割—牵引系统机电耦合动力学模型,研究变速变载工况下,冲击载荷和电机转矩对采煤机截割传动系统动态特性的影响规律以及滚筒运动参数对系统采煤综合性能的影响规律;提出了基于自抗扰转矩补偿的齿轮传动系统动载荷主动控制方法,针对不同稳态截割工况,建立了采煤机综合截割性能多目标优化模型,实现了不同稳态截割工况下采煤综合性能最优的采煤机截割—牵引调速控制并进行试验验证。

2018 年,李帆研究了采煤机结构及其故障机理,提出基于模糊神经网络与专家诊断系统的混合智能控制算法,建立采煤机故障诊断知识库,通过 VC++与 Lab VIEW 混合编程设计采煤机故障诊断系统实现相关故障诊断。

2017年,李明昊研究了复杂煤层赋存条件下滚筒采煤机截齿的三向力和三向力矩载荷,通过基于实际工况的仿真发现了采煤机的薄弱环节,分析了采煤机截割部行星架和螺旋滚筒设计变量对动态与渐变可靠性灵敏度的影响,提出的协同刚柔耦合虚拟样机技术与渐变可靠性设计理论的方法,为工况恶劣的机械设备的可靠性分析、动态与渐变可靠性设计提供了重要的理论方法和数据支撑。

2017年,李赟恒分析采煤机截割部轴承及齿轮的振动机理和故障特性,提出基于BP神经网络的采煤机振动故障诊断方法,采用现代信号分析技术对加载试验所得截割部齿轮振动信号进行特性研究,构建了专用于截割部齿轮箱故障模式检验的BP神经网络模型,实现了齿轮箱齿轮、轴承的多故障分类。

2016年,邹阳通过力控软件数据库和MySQL数据库进行了多源数据与实时数据的综合管理,构建了实时智能监测系统,并通过实验室自建平台模拟转子、轴承内圈和齿轮的故障进行时一频分析,可以大致判断故障类型;在此基础上,提出了基于RBF神经网络的故障诊断方法,有效提高了故障识别和诊断的正确率。

总结起来,采煤机载荷识别中,传感器测点选取也是影响识别精度的一个重要因素。上述讨论中,传感器测点选取往往是靠经验确定,因此如何选取最佳传感器系统也是载荷识别的重点,载荷识别大多数的识别方法是以线性系统为主,但有些载荷出现非线性变化,仍然采用线性的方法来识别非线性载荷,这样得出的载荷结果与实际相比会出现很大偏差。

1.3 采煤机载荷识别存在问题

采煤机载荷识别技术经历了十几年的发展。在煤炭开采领域,很多专家、学者对采煤机载荷识别技术作出了卓越的贡献。但是,采煤机载荷识别技术仍然存在许多突出问题和技术难点需要解决。

(1) 非平稳随机振动信号的识别问题。采用频域分析方法进行载荷识别时,需要处理频域响应函数矩阵出现的病态问题。频域法主要适用于稳态振动信号逆向推理过程,很难对非平稳随机振动信号进行载荷识别。当运用时间域法进行载荷识别时,由于时间域法对设备运行的初始条件与边界条件比较敏感,所以时间域法的稳定性还有待进一步提高。

(2) 截齿载荷信号识别中噪声的处理问题。在现有的采煤机截齿载荷识别算法中,直接对采集数据进行处理。因为原始信号中含有大量噪声,在处理数据过程中,所以对矩阵求逆的过程是包含有噪声的,这导致信号识别精度低、误差大。

(3) 在采煤机载荷识别技术中,传感元件的安装位置选取是影响信号识别精度的重要因素。目前,在传感元件实际使用过程中,由于采煤机工作环境的特殊性和关键零部件的可靠性等影响,传感器测点位置选取往往受到很大的局限。因此如何选取最佳传感器系统是采煤机载荷识别技术的重点。

(4) 在采煤机载荷识别技术中,相关研究大多以线性载荷为主要研究对象,但是有些载荷往往是呈现出强非线性的。如此,依据线性载荷的识别方法来识别非线性载荷,这样得出的载荷分析结果与实际结果相比会出现很大偏差。

(5) 采用传统方法对电机的电气参数进行监控,属于大马拉小车。因此通过监控电气参数来监测滚筒的扭矩以实现对采煤机载荷进行识别是不准确的。

1.4 研究内容

通过设计采煤机截齿载荷传感器、惰轮轴传感器、摇臂连接销轴载荷传感器和摇臂应变测试传感器，完成对滚筒载荷的直接或间接测量；通过多传感器信息融合技术和深度神经网络控制策略，实现滚筒载荷的实时感知与精确预测，为采煤机滚筒煤岩识别、自动截割和故障诊断提供理论和数据支撑。本书主要研究内容如下：

(1) 构建采煤机摇臂滚筒载荷传动模型，制订基于多传感器融合的采煤机滚筒载荷感知系统总体方案。分别设计截齿载荷测试传感器、滚筒扭矩测试传感器、摇臂连接销轴载荷测试传感器、摇臂变形量测试传感器。研究基于多传感器的多参量数据同步采集与传输方法，解决单一传感器测试精度低、稳定性差的问题。

(2) 构建采煤机截割部传递系统刚柔耦合动力学模型，分析研究摇臂壳体变形与滚筒载荷间的相互影响关系；通过对比摇臂壳体关键位置的变形规律，研究能够表征滚筒载荷变化特性的敏感位置，并以此为依据，获取摇臂应变传感器最佳安装位置。分析研究截割部多级齿轮传递系统与滚筒载荷间的相互影响关系，研究分析从电机轴到滚筒端各级传动齿轮啮合力变化规律，查找能够对滚筒载荷变化反应敏感的齿轮轴，以此为依据，获取齿轮轴载荷传感器的最佳安装位置。

(3) 利用本文所发明设计的多种传感器，搭建了滚筒载荷测试平台，并在张家口国家能源煤矿采掘机械装备研发(试验)中心进行 1∶1 模拟井下工况的采煤机滚筒截割试验，获取滚筒载荷试验测试数据，为多传感器融合滚筒载荷辨识与预测提供数据支撑。

(4) 针对滚筒试验数据中包含大量噪声干扰信号问题，构建基于独立成分和小波分析滚筒测试特征数据提取模型与方法，并对各传感器的测试数据进行时域和频域分析，通过对各种传感器采集数据的载荷识别处理，提取了不同频率下的载荷数据；研究采用截齿载荷直接测试获得滚筒载荷变化，以及其余传感器间接测试的数据变化规律。

(5) 以截齿载荷直接测试的滚筒载荷为输出样本，以惰轮轴传感器、摇臂连接轴传感器、摇臂变形传感器测试数据为输入样本，建立基于深度神经网络的滚筒载荷辨识与预测模型，并通过试验数据对预测模型进行验证，为实现滚筒载荷实时感知与预测提供支撑。

第 2 章　基于多传感器的滚筒截割载荷感知方法研究

2.1　采煤机摇臂滚筒载荷传动模型构建

2.1.1　采煤机摇臂结构简化和描述

采煤机摇臂结构如图 2.1 所示。在摇臂左侧，上耳板 1、2 与行走部连接，下耳板 1、2 与推移油缸连接。在推移油缸的作用下摇臂绕上销轴旋转，实现采煤机的截割调高。由于采煤机摇臂几何尺寸参数较多，所以为了便于分析，对其结构进行简化。提取摇臂的基础骨架，如图 2.2 所示。杆 1 为滚筒的骨架，杆 2、3 为摇臂壳体的骨架，杆 4 为左下端耳板的骨架，杆 5 为左上端耳板的骨架，l 为杆 2、3 连接点，j_1、j_2为杆 3 与杆 4、5 连接点，杆 2 与杆 5 平行。设摇臂(杆 2)的举升角为 α 、杆 4 与 x 轴夹角为 φ。φ 随着 α 变化，并有 $\varphi=\alpha+\sigma$。σ 为杆 4 与杆 5 间的结构夹角。

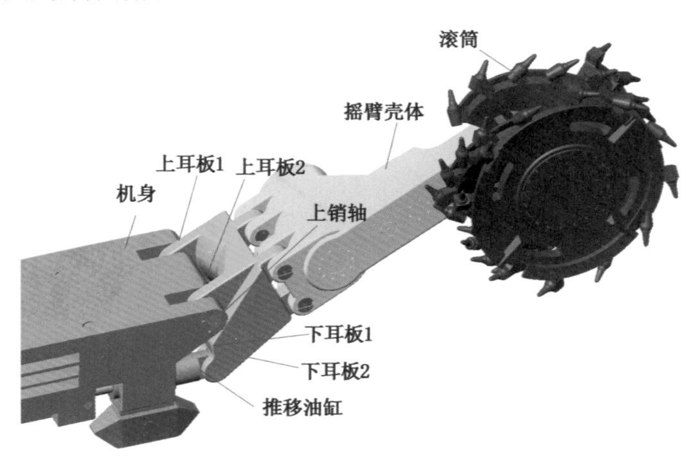

图 2.1　采煤机摇臂结构

摇臂受力如图 2.2 所示。$F_{wx,1}$ 、$F_{wy,1}$ 、$F_{wz,1}$ 、$F_{wx,2}$ 、$F_{wy,2}$ 、$F_{wz,2}$ 为摇臂左下端与举升油缸连接两个铰接耳三向载荷。$F_{qx,1}$ 、$F_{qy,1}$ 、$F_{qz,1}$ 、$F_{qx,2}$ 、$F_{qy,2}$ 、$F_{qz,2}$ 为摇臂左上端与机身连接两个铰接耳三向载荷。F_{gx} 、F_{gy} 、F_{gz} 、M_g 为滚筒三向截割载荷和弯矩。

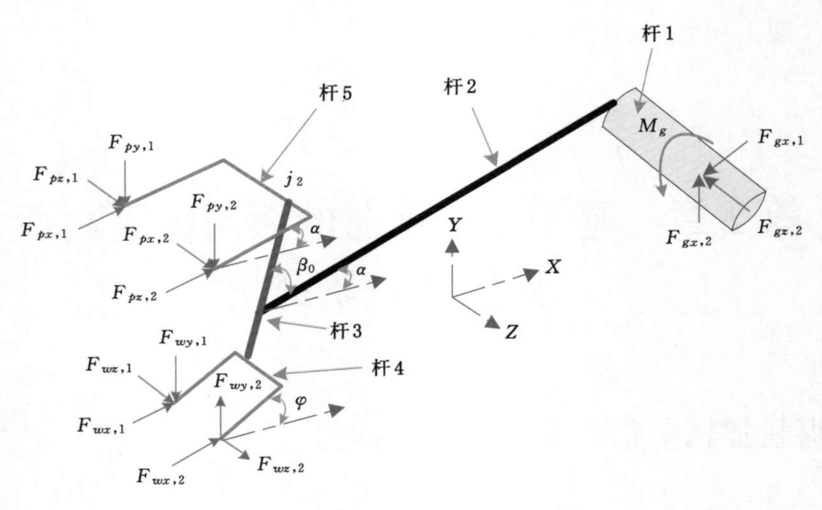

图 2.2　摇臂受力分析

2.1.2　摇臂静力学特性分析

(1) 连接点 l 受力分析

摇臂为超静定结构。采用静力学平衡方程无法求解四个铰接耳处的 12 个力。为此，首先将摇臂的骨架划分为不同的子结构，然后建立子结构的力学模型。这样既便于方程的求解，又能观察滚筒载荷在摇臂上的传递规律。以杆 2 与杆 3 的连接点 l 为坐标原点。图 2.3 为杆 1 和杆 2 组成的力学模型。在图 2.3 中，L 为杆 1 的长度，R 为杆 2 的长度，T 为杆 2 重心距坐标点的长度，m_1g 为滚筒的重力，m_2g 为摇臂的重力，F_{lx}、F_{ly}、F_{lz}、M_{lx}、M_{ly}、M_{lz} 为杆 2 与杆 3 间的连接力和弯矩。

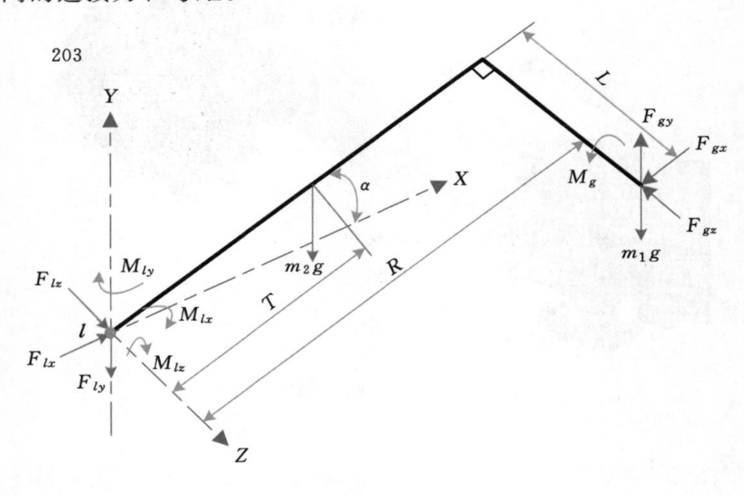

图 2.3　杆 1、2 受力分析

根据图 2.3 中杆 1、2 的受力分析，可建立如下受力平衡方程。

$$\begin{cases}F_{lx}=F_{gx}\\F_{ly}=F_{gy}-m_1g-m_2g\\F_{lz}=F_{gz}\\M_{lx}=F_{gz}R\sin\alpha+F_{gy}L-m_1gL\\M_{ly}=F_{gz}R\cos\alpha-F_{gx}L\\M_{lz}=M_g+[F_{gx}\sin\alpha+(F_{gy}-m_1g)\cos\alpha]R-m_2gT\cos\alpha\end{cases}\tag{2.1}$$

(2) 连接点 j_1、j_2受力分析

以 l 点为坐标原点对杆 3 进行受力分析，如图 2.4 所示。杆 3 与 X 轴的夹角为β。$\beta=\beta_0+\alpha$，β_0为杆 3 和杆 2 间的结构角。α 为摇臂举升角。F'_{lx}、F'_{ly}、F'_{lz}、M'_{lx}、M'_{ly}、M'_{lz}为杆 2 对杆 3 施加反力和弯矩，点 l 到点 j_1的距离为 W，点 l 到点 j_2的距离为 P，杆 3 横截面在 Z 方向的惯性矩为 I_z，在 s 方向的惯性矩为 I_s。$F_{jx,1}$、$F_{jy,1}$、$F_{jz,1}$、$M_{jx,1}$、$M_{jy,1}$、$M_{jz,1}$为杆 3 与杆 4 间的连接力和弯矩，$F_{jx,2}$、$F_{jy,2}$、$F_{jz,2}$、$M_{jx,2}$、$M_{jy,2}$、$M_{jz,2}$为杆 3 与杆 5 间的连接力和弯矩。

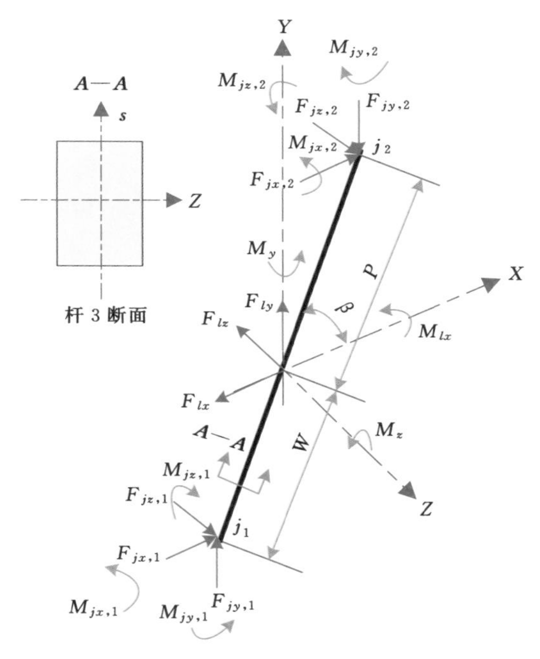

图 2.4 杆 3 受力分析

在 j_1、j_2点共有 12 个力变量。采用力平衡只能建立 6 个方程，属于超静定问题。因此采用拉格朗日算子求解超静定问题。

建立如下静力学平衡方程。

$$F'_{lx}-F_{jx,1}-F_{jx,2}=0\tag{2.2}$$

$$F'_{ly}+F_{jy,1}-F_{jy,2}=0\tag{2.3}$$

$$F'_{lz}-F_{jz,1}-F_{jz,2}=0\tag{2.4}$$

$$M'_{lx}+F_{jz,1}W\sin\beta-F_{jz,2}P\sin\beta+M_{jx,1}+M_{jx,2}=0\tag{2.5}$$

$$M'_{ly}+F_{jz,1}W\cos\beta-F_{jz,2}P\cos\beta+M_{jy,1}-M_{jy,2}=0 \tag{2.6}$$

$$M'_{lz}-F_{jy,1}W\cos\beta-F_{jy,2}P\cos\beta+F_{jx,1}W\sin\beta-F_{jx,2}P\sin\beta-M_{jz,1}+M_{jz,2}=0 \tag{2.7}$$

构造拉格朗函数为：

$$\begin{aligned}V=&\int_0^W\frac{(F_{jx,1}\cos\beta+F_{jy,1}\sin\beta)^2}{2EA_3}\mathrm{d}h+\int_0^W\frac{[(F_{jx,1}\sin\beta-F_{jy,1}\cos\beta)h-M_{jz,1}]^2}{2EI_z}\mathrm{d}h+\\&\int_0^W\frac{(F_{jz,1}h\sin\beta+M_{jx,1})^2}{2EI_s}\mathrm{d}h+\int_0^W\frac{(F_{jz,1}h\cos\beta+M_{jy,1})^2}{2EI_s}\mathrm{d}h+\\&\int_0^P\frac{(F_{jx,2}\cos\beta-F_{jy,2}\sin\beta)^2}{2EA_3}\mathrm{d}h+\int_0^P\frac{[(F_{jx,2}\sin\beta+F_{jy,2}\cos\beta)h-M_{jz,2}]^2}{2EI_z}\mathrm{d}h+\\&\int_0^P\frac{(F_{jz,2}h\sin\beta-M_{jx,2})^2}{2EI_s}\mathrm{d}h+\int_0^P\frac{(F_{jz,2}h\cos\beta+M_{jy,2})^2}{2EI_s}\mathrm{d}h+\\&\lambda_1(F'_{lx}-F_{jx,1}-F_{jx,2})+\lambda_2(F'_{ly}+F_{jy,1}-F_{jy,2})+\lambda_3(F'_{lz}-F_{jz,1}-F_{jz,2})+\\&\lambda_4(M'_{lx}+F_{jz,1}W\sin\beta-F_{jz,2}P\sin\beta+M_{jx,1}+M_{jx,2})+\\&\lambda_5(M'_{ly}+F_{jz,1}W\cos\beta-F_{jz,2}P\cos\beta+M_{jy,1}-M_{jy,2})+\\&\lambda_6(M'_{lz}-F_{jy,1}W\cos\beta-F_{jy,2}P\cos\beta+F_{jx,1}W\sin\beta-F_{jx,2}P\sin\beta-M_{jz,1}+M_{jz,2})\end{aligned} \tag{2.8}$$

式(2.8)整理之后得：

$$\begin{aligned}V=&\frac{(F_{jx,1}\cos\beta+F_{jy,1}\sin\beta)^2W}{2EA_3}+\frac{(F_{jx,1}\sin\beta-F_{jy,1}\cos\beta)^2W^3}{6EI_z}-\\&\frac{(F_{jx,1}\sin\beta-F_{jy,1}\cos\beta)W^2M_{jz,1}}{2EI_z}+\frac{M_{jz,1}^2}{2EI_z}W+\frac{F_{jz,1}^2W^3\sin^2\beta}{6EI_s}+\\&\frac{F_{jz,1}W^2M_{jx,1}\sin\beta}{2EI_s}+\frac{M_{jx,1}^2W}{2EI_s}+\frac{F_{jz,1}^2W^3\cos^2\beta}{6EI_s}+\frac{F_{jz,1}W^2M_{jy,1}\cos\beta}{2EI_s}+\\&\frac{M_{jy,1}^2W}{2EI_s}+\frac{(F_{jx,2}\cos\beta-F_{jy,2}\sin\beta)^2P}{2EA_3}+\frac{(F_{jx,2}\sin\beta+F_{jy,2}\cos\beta)^2P^3}{6EI_z}-\\&\frac{(F_{jx,2}\sin\beta+F_{jy,2}\cos\beta)P^2M_{jz,2}}{2EI_z}+\frac{M_{jz,2}^2}{2EI_z}P+\frac{F_{jz,2}^2P^3\sin^2\beta}{6EI_s}-\frac{F_{jz,2}P^2M_{jx,2}\sin\beta}{2EI_s}+\\&\frac{M_{jx,2}^2P}{2EI_s}+\frac{F_{jz,2}^2P^3\cos^2\beta}{6EI_s}+\frac{F_{jz,2}P^2M_{jy,2}\cos\beta}{2EI_s}+\frac{M_{jy,2}^2P}{2EI_s}+\\&\lambda_1(F'_{lx}-F_{jx,1}-F_{jx,2})+\lambda_2(F'_{ly}+F_{jy,1}-F_{jy,2})+\lambda_3(F'_{lz}-F_{jz,1}-F_{jz,2})+\\&\lambda_4(M'_{lx}+F_{jz,1}W\sin\beta-F_{jz,2}P\sin\beta+M_{jx,1}+M_{jx,2})+\\&\lambda_5(M'_{ly}+F_{jz,1}W\cos\beta-F_{jz,2}P\cos\beta+M_{jy,1}-M_{jy,2})+\\&\lambda_6(M'_{lz}-F_{jy,1}W\cos\beta-F_{jy,2}P\cos\beta+F_{jx,1}W\sin\beta-F_{jx,2}P\sin\beta-M_{jz,1}+M_{jz,2})\end{aligned} \tag{2.9}$$

将式(2.9)对各约束力求偏导得：

$$\begin{aligned}\frac{\partial V}{\partial F_{jx,1}}=&\frac{(F_{jx,1}\cos\beta+F_{jy,1}\sin\beta)W\cos\beta}{EA_3}+\frac{(F_{jx,1}\sin\beta-F_{jy,1}\cos\beta)W^3\sin\beta}{3EI_r}-\\&\frac{W^2\sin\beta}{2EI_r}M_{jz,1}-\lambda_1+\lambda_6W\sin\beta=0\end{aligned} \tag{2.10}$$

$$\frac{\partial V}{\partial F_{jy,1}}=\frac{(F_{jx,1}\cos\beta+F_{jy,1}\sin\beta)W\sin\beta}{EA_3}-\frac{(F_{jx,1}\sin\beta-F_{jy,1}\cos\beta)W^3\cos\beta}{3EI_r}+$$
$$\frac{W^2\cos\beta}{2EI_r}M_{jz,1}+\lambda_2-\lambda_6 W\cos\beta=0 \tag{2.11}$$

$$\frac{\partial V}{\partial F_{jz,1}}=\frac{F_{jz,1}W^3}{3EI_s}+\frac{W^2(M_{jx,1}\sin\beta+M_{jy,1}\cos\beta)}{2EI_s}-\lambda_3+\lambda_4 W\sin\beta+$$
$$\lambda_5 W\cos\beta=0 \tag{2.12}$$

$$\frac{\partial V}{\partial F_{jx,2}}=\frac{(F_{jx,2}\cos\beta-F_{jy,2}\sin\beta)P\cos\beta}{EA_3}+\frac{(F_{jx,2}\sin\beta+F_{jy,2}\cos\beta)P^3\sin\beta}{3EI_r}-$$
$$\frac{P^2\sin\beta}{2EI_r}M_{jz,2}-\lambda_1-\lambda_6 P\sin\beta=0 \tag{2.13}$$

$$\frac{\partial V}{\partial F_{jy,2}}=\frac{(-F_{jx,2}\cos\beta+F_{jy,2}\sin\beta)P\sin\beta}{EA_3}+\frac{(F_{jx,2}\sin\beta+F_{jy,2}\cos\beta)P^3\cos\beta}{3EI_r}-$$
$$\frac{P^2\cos\beta}{2EI_r}M_{jz,2}-\lambda_2-\lambda_6 P\cos\beta=0 \tag{2.14}$$

$$\frac{\partial V}{\partial F_{jz,2}}=\frac{F_{jz,2}P^3}{3EI_s}+\frac{P^2(M_{jy,2}\cos\beta-M_{jx,2}\sin\beta)}{2EI_s}-$$
$$\lambda_3-\lambda_4 P\sin\beta-\lambda_5 P\cos\beta=0 \tag{2.15}$$

$$\frac{\partial V}{\partial M_{jx,1}}=\frac{F_{jz,1}W^2\cos\beta}{2EI_s}+\frac{M_{jx,1}W}{EI_s}+\lambda_4=0 \tag{2.16}$$

$$\frac{\partial V}{\partial M_{jx,1}}=\frac{F_{jz,1}W^2\cos\beta}{2EI_s}+\frac{M_{jx,1}W}{EI_s}+\lambda_4=0 \tag{2.17}$$

$$\frac{\partial V}{\partial M_{jz,1}}=-\frac{(F_{jx,1}\sin\beta-F_{jy,1}\cos\beta)W^2}{2EI_r}+\frac{WM_{jz,1}}{EI_r}-\lambda_6=0 \tag{2.18}$$

$$\frac{\partial V}{\partial M_{jx,2}}=-\frac{F_{jz,2}P^2\sin\beta}{2EI_s}+\frac{PM_{jx,2}}{EI_s}+\lambda_4=0 \tag{2.19}$$

$$\frac{\partial V}{\partial M_{jy,2}}=\frac{F_{jz,2}P^2\sin\beta}{2EI_s}+\frac{PM_{jy,2}}{EI_s}-\lambda_5=0 \tag{2.20}$$

$$\frac{\partial V}{\partial M_{jz,2}}=-\frac{(F_{jx,2}\sin\beta+F_{jy,2}\cos\beta)P^2}{2EI_r}+\frac{PM_{jz,2}}{EI_r}+\lambda_6=0 \tag{2.21}$$

将式(2.2)～式(2.7)和式(2.10)～式(2.21)，组成18阶方程组。令变量 $\boldsymbol{X}$ 为：

$$\boldsymbol{X}=[\,F_{jx,1}\ F_{jy,1}\ F_{jz,1}\ F_{jx,2}\ F_{jy,2}\ F_{jz,2}\ M_{jx,1}\ M_{jy,1}\ M_{jz,1}\ M_{jx,2}\ M_{jy,2}\ M_{jz,2}\ \lambda_1\ \lambda_2\ \lambda_3\ \lambda_4\ \lambda_5\ \lambda_6\,]$$

方程右侧常数值 $\boldsymbol{B}$ 为：

$$\boldsymbol{B}=[\,\mathrm{F_{lx}}\ \mathrm{F_{ly}}\ \mathrm{F_{lz}}\ \mathrm{M_{lx}}\ \mathrm{M_{ly}}\ \mathrm{M_{lz}}\ 0\ 0\ 0\ 0\ 0\ 0\ 0\ 0\ 0\ 0\ 0\ 0\,]$$

(3) 举升油缸铰接耳受力模型

以 j_1 点为坐标原点建立坐标系。对杆4两个耳板点 w_1、w_2 进行受力分析，如图2.5(a)所示。点 w_1、w_2 与 Z 轴的距离为 U，与 XY 平面的距离分别为 Q、N，与 X 轴的夹角为 φ。

为了便于求解，首先将 w_1、w_2 点的载荷等效到 s_1、s_2 点，如图2.5(b)所示。

对图2.5(b)进行受力分析，可建立方程：

$$F_{wx,1}+F_{wx,2}=F_{jx,1} \tag{2.22}$$

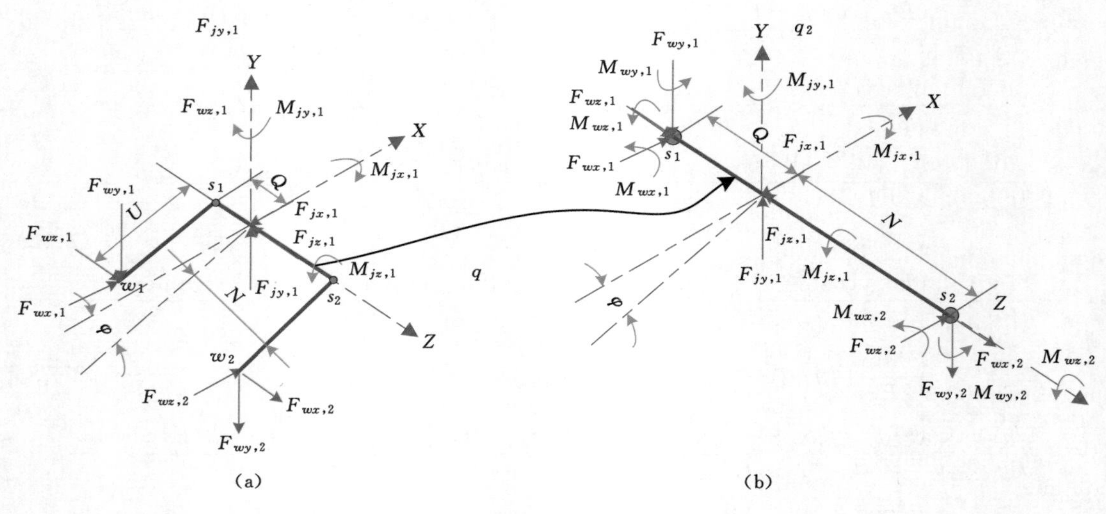

图 2.5 举升油缸铰接点受力分析图

$$F_{wy,1}+F_{wy,2}=F_{jy,1} \tag{2.23}$$

$$F_{wz,1}+F_{wz,2}=F_{jz,1} \tag{2.24}$$

$$M_{wx,1}+M_{wx,2}+F_{wy,1}Q-F_{wy,2}N=M_{jx,1} \tag{2.25}$$

$$M_{wy,1}+M_{wy,2}-F_{wx,1}Q+F_{wx,2}N=M_{jy,1} \tag{2.26}$$

$$M_{wz,1}+M_{wz,2}=M_{jz,1} \tag{2.27}$$

在式(2.25)～式(2.27)中，

$$M_{wx,1}=F_{wz,1}U\sin\varphi;M_{wx,2}=F_{wz,2}U\sin\varphi;M_{wy,1}=F_{wz,1}U\cos\varphi;$$
$$M_{wy,2}=F_{wz,2}U\cos\varphi;M_{wz,1}=F_{wx,1}U\sin\varphi+F_{wy,1}U\cos\varphi;$$
$$M_{wz,2}=F_{wx,2}U\sin\varphi+F_{wy,2}U\cos\varphi$$

联立式(2.22)～式(2.27)，系数矩阵的秩为5，分析后得式(2.27)线性相关项，无法获取确定解，为此，仍采用拉格朗日乘子进行求解，可构造拉格朗日函数为：

$$\begin{aligned}
V=&\int_0^Q\frac{(F_{wx,1}z-F_{wz,1}U)^2}{2EI_{wr,3}}\mathrm{d}z+\int_0^Q\frac{(F_{wy,1}z+F_{wz,1}U\sin\varphi)^2}{2EI_{wr,3}}\mathrm{d}z+\\
&\int_0^Q\frac{F_{wy,1}{}^2}{2EA_{w,1}}\mathrm{d}z+\int_0^Q\frac{(F_{wx,1}U\sin\varphi+F_{wy,1}U\cos\varphi)^2}{2GI_{Pw,1}}+\\
&\int_0^N\frac{(F_{wx,2}z+F_{wz,2}U)^2}{2EI_{wr,3}}\mathrm{d}z+\int_0^N\frac{(F_{wy,2}z-F_{wz,2}U\sin\varphi)^2}{2EI_{wr,3}}\mathrm{d}z+\\
&\int_0^N\frac{F_{wy,2}^2}{2EA_{w,1}}\mathrm{d}z+\int_0^N\frac{(F_{wx,2}U\sin\varphi+F_{wy,2}U\cos\varphi)^2}{2GI_{Pw,1}}+\\
&\lambda_1(F_{wx,1}+F_{wx,2}-F'_{jx,1})+\lambda_2(F_{wy,1}+F_{wy,2}-F'_{jy,1})+\\
&\lambda_3(F_{wz,1}+F_{wz,2}-F'_{jz,1})+\\
&\lambda_4(F_{wy,2}N-F_{wy,1}Q+F_{wz,1}U\sin\varphi+F_{wz,1}U\sin\varphi-M_{jx,1})+\\
&\lambda_5[(F_{wz,1}+F_{wz,2})U\cos\varphi-F_{wx,1}Q+F_{wx,2}N-M_{jy,1}]
\end{aligned} \tag{2.28}$$

整理后得：

$$V=\frac{F^{2}_{wx,1}Q^{3}}{6EI_{wr,3}}-\frac{F_{wx,1}F_{wz,1}UQ^{2}}{2EI_{wr,3}}+\frac{F^{2}_{wz,1}U^{2}Q}{2EI_{wr,3}}+\frac{F^{2}_{wy,1}Q^{3}}{6EI_{wr,3}}+\frac{F_{wy,1}F_{wz,1}UQ^{2}\sin\varphi}{2EI_{wr,3}}+$$
$$\frac{F^{2}_{wz,1}U^{2}Q\sin^{2}\varphi}{2EI_{wr,3}}+\frac{F^{2}_{wy,1}Q}{2EA_{w,1}}+\frac{(F_{wx,1}U\sin\varphi+F_{wy,1}U\cos\varphi)^{2}Q}{2GI_{Pw,1}}+\frac{F^{2}_{wx,2}N^{3}}{6EI_{wr,3}}+$$
$$\frac{F_{wx,2}F_{wz,2}UN^{2}}{2EI_{wr,3}}+\frac{F^{2}_{wz,2}U^{2}N}{2EI_{wr,3}}+\frac{F^{2}_{wy,2}N^{3}}{6EI_{wr,3}}-\frac{F_{wy,2}F_{wz,2}UN^{2}\sin\varphi}{2EI_{wr,3}}+$$
$$\frac{F^{2}_{wz,2}U^{2}N\sin^{2}\varphi}{2EI_{wr,3}}+\frac{F^{2}_{wy,2}N}{2EA_{w,1}}+\frac{(F_{wx,2}U\sin\varphi+F_{wy,2}U\cos\varphi)^{2}N}{2GI_{Pw,1}}+$$
$$\lambda_{1}(F_{wx,1}+F_{wx,2}-F'_{jx,1})+\lambda_{2}(F_{wy,1}+F_{wy,2}-F'_{jy,1})+$$
$$\lambda_{3}(F_{wz,1}+F_{wz,2}-F'_{jz,1})+$$
$$\lambda_{4}(F_{wy,2}N-F_{wy,1}Q+F_{wz,1}U\sin\varphi+F_{wz,1}U\sin\varphi-M_{jx,1})+$$
$$\lambda_{5}[(F_{wz,1}+F_{wz,2})U\cos\varphi-F_{wx,1}Q+F_{wx,2}N-M_{jy,1}] \tag{2.29}$$

将式(2.29)对 w_1、w_2 两点约束力求偏导得：

$$\frac{\partial V}{\partial F_{wx,1}}=\frac{F_{wx,1}Q^{3}}{3EI_{wr,3}}-\frac{F_{wz,1}UQ^{2}}{2EI_{wr,3}}+\frac{(F_{wx,1}\sin\varphi+F_{wy,1}\cos\varphi)QU\sin\varphi}{GI_{Pw,1}}+$$
$$\lambda_{1}-\lambda_{5}Q=0 \tag{2.30}$$

$$\frac{\partial V}{\partial F_{wy,1}}=\frac{F_{wy,1}Q^{3}}{3EI_{wr,3}}+\frac{F_{wz,1}UQ^{2}\sin\varphi}{2EI_{wr,3}}+\frac{F_{wy,1}Q}{EA_{w,1}}+$$
$$\frac{(F_{wx,1}\sin\varphi+F_{wy,1}\cos\varphi)QU\cos\varphi}{GI_{Pw,1}}+\lambda_{2}-\lambda_{4}Q=0 \tag{2.31}$$

$$\frac{\partial V}{\partial F_{wz,1}}=\frac{F_{wy,1}Q^{3}}{3EI_{wr,3}}+\frac{F_{wz,1}UQ^{2}\sin\varphi}{2EI_{wr,3}}+$$
$$\frac{F_{wy,1}Q}{EA_{w,1}}+\frac{(F_{wx,1}\sin\varphi+F_{wy,1}\cos\varphi)QU\cos\varphi}{GI_{Pw,1}}+\lambda_{2}-\lambda_{4}Q=0 \tag{2.32}$$

$$\frac{\partial V}{\partial F_{wx,2}}=\frac{F_{wx,2}N^{3}}{3EI_{wr,3}}+\frac{F_{wz,2}UN^{2}}{2EI_{wr,3}}+\frac{(F_{wx,2}\sin\varphi+F_{wy,2}\cos\varphi)NU\sin\varphi}{GI_{Pw,1}}+$$
$$\lambda_{1}+\lambda_{5}N=0 \tag{2.33}$$

$$\frac{\partial V}{\partial F_{wy,2}}=\frac{F_{wy,2}N^{3}}{3EI_{wr,3}}-\frac{F_{wz,2}UN^{2}\sin\varphi}{2EI_{wr,3}}+\frac{F_{wy,2}N}{EA_{w,1}}+$$
$$\frac{(F_{wx,2}\sin\varphi+F_{wy,2}\cos\varphi)NU\cos\varphi}{GI_{Pw,1}}+\lambda_{2}+\lambda_{4}N=0 \tag{2.34}$$

$$\frac{\partial V}{\partial F_{wz,2}}=\frac{F_{wz,2}U^{2}N}{EI_{wr,3}}+\frac{F_{wx,2}UN^{2}}{2EI_{wr,3}}-\frac{F_{wy,2}UN^{2}\sin\varphi}{2EI_{wr,3}}+$$
$$\frac{F_{wz,1}NU^{2}\sin^{2}\varphi}{EI_{wr,3}}+\lambda_{3}+\lambda_{4}U\sin\varphi+\lambda_{5}U\cos\varphi=0 \tag{2.35}$$

联立式(2.22)～式(2.26)和式(2.30)～式(2.35)，组成 11 阶方程组。令变量 $\boldsymbol{X}_2$ 为：

$$\boldsymbol{X}_{2}=[F_{wx,1}\ F_{wy,1}\ F_{wz,1}\ F_{wx,2}\ F_{wy,2}\ F_{wz,2}\ \lambda_{1}\ \lambda_{2}\ \lambda_{3}\ \lambda_{4}\ \lambda_{5}]$$

方程右侧常数项 $\boldsymbol{B}_2$ 为：

$$\boldsymbol{B}_{2}=[F_{jx,1}\ F_{jy,1}\ F_{jz,1}\ M_{jx,1}\ M_{jy,1}\ M_{jz,1}\ 0\ 0\ 0\ 0\ 0]^{\mathrm{T}}$$

(4) 摇臂连接铰接耳受力模型

以 j_2 点为坐标原点建立坐标系。对上端两个铰接点进行受力分析，如图 2.6 所示。铰接点 p_1、p_2 与 Z 轴的距离为 D，与 XY 平面的距离分别为 C、K，与 X 轴的夹角为 α 。

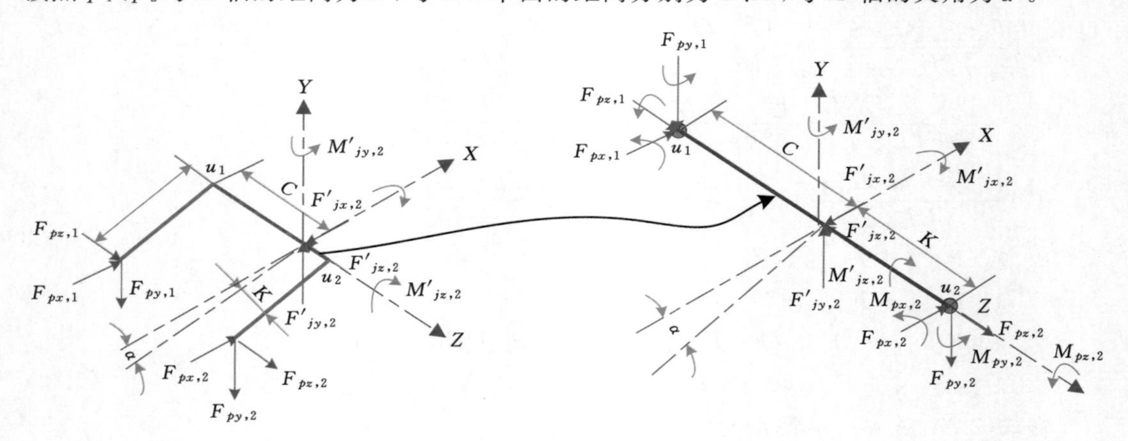

图 2.6 摇臂与机身连接点受力图

采用与举升油缸铰接点载荷相同的求解方法，构造拉格朗日函数为：

$$
\begin{aligned}
V = & \int_0^C \frac{(F_{px,1}z - F_{pz,1}D)^2}{2EI_{pr,3}}\mathrm{d}z + \int_0^C \frac{(F_{py,1}z + F_{pz,1}D\sin\alpha)^2}{2EI_{pr,3}}\mathrm{d}z + \\
& \int_0^C \frac{F_{py,1}^2}{2EA_{p,1}}\mathrm{d}z + \int_0^C \frac{(F_{px,1}D\sin\alpha + F_{py,1}D\cos\alpha)^2}{2GI_{Pp,1}} + \\
& \int_0^K \frac{(F_{px,2}z + F_{pz,2}D)^2}{2EI_{pr,3}}\mathrm{d}z + \int_0^K \frac{(F_{py,2}z - F_{pz,2}D\sin\alpha)^2}{2EI_{pr,3}}\mathrm{d}z \\
& + \int_0^K \frac{{F_{py,2}}^2}{2EA_{p,1}}\mathrm{d}z + \int_0^K \frac{(F_{px,2}D\sin\alpha + F_{py,2}D\cos\alpha)^2}{2GI_{Pp,1}} + \\
& \lambda_1(F_{px,1} + F_{px,2} - F'_{jx,2}) + \lambda_2(F_{py,1} + F_{py,2} - F'_{jy,2}) + \\
& \lambda_3(F_{pz,1} + F_{pz,2} - F'_{jz,2}) + \\
& \lambda_4(F_{py,1}C - F_{py,2}K + (F_{pz,1} + F_{pz,2})D\sin\alpha - M_{jx,2}) + \\
& \lambda_5(F_{px,1}C - F_{px,2}K - (F_{pz,1} + F_{pz,2})D\cos\beta - M_{jy,2})
\end{aligned}
\tag{2.36}
$$

将式(2.36)对 p_1、p_2 两点约束力求偏导得：

$$
\begin{aligned}
\frac{\partial V}{\partial F_{px,1}} = & \frac{F_{px,1}C^3}{3EI_{pr,3}} - \frac{F_{pz,1}DC^2}{2EI_{pr,3}} + \frac{(F_{px,1}\sin\alpha + F_{py,1}\cos\alpha)CD\sin\alpha}{GI_{Pp,1}} + \\
& \lambda_1 + \lambda_5 C = 0
\end{aligned}
\tag{2.37}
$$

$$
\begin{aligned}
\frac{\partial V}{\partial F_{py,1}} = & \frac{F_{py,1}C^3}{3EI_{pr,3}} + \frac{F_{pz,1}DC^2\sin\alpha}{2EI_{pr,3}} + \\
& \frac{F_{py,1}C}{EA_{p,1}} + \frac{(F_{px,1}\sin\alpha + F_{wy,1}\cos\alpha)CD\cos\alpha}{GI_{Pp,1}} + \lambda_2 + \lambda_4 C = 0
\end{aligned}
\tag{2.38}
$$

$$
\begin{aligned}
\frac{\partial V}{\partial F_{pz,1}} = & \frac{F_{pz,1}D^2C}{EI_{pr,3}} - \frac{F_{px,1}DC^2}{2EI_{pr,3}} + \frac{F_{py,1}DC^2\sin\alpha}{2EI_{pr,3}} + \\
& \frac{F_{pz,1}CD^2\sin^2\alpha}{EI_{pr,3}} + \lambda_3 + \lambda_4 D\sin\alpha - \lambda_5 D\cos\alpha = 0
\end{aligned}
\tag{2.39}
$$

$$\frac{\partial V}{\partial F_{px,2}}=\frac{F_{px,2}K^3}{3EI_{pr,3}}+\frac{F_{pz,2}DK^2}{2EI_{pr,3}}+\frac{(F_{px,2}\sin\alpha+F_{py,2}\cos\alpha)KD\sin\alpha}{GI_{Pp,1}}+\lambda_1-\lambda_5K=0 \tag{2.40}$$

$$\frac{\partial V}{\partial F_{py,2}}=\frac{F_{py,2}K^3}{3EI_{pr,3}}-\frac{F_{pz,2}DK^2\sin\varphi}{2EI_{pr,3}}+\frac{F_{py,2}K}{EA_{p,1}}+\frac{(F_{px,2}\sin\varphi+F_{py,2}\cos\alpha)KD\cos\alpha}{GI_{Pp,1}}+\lambda_2-\lambda_4K)=0 \tag{2.41}$$

$$\frac{\partial V}{\partial F_{pz,2}}=\frac{F_{pz,2}D^2K}{EI_{pr,3}}+\frac{F_{px,2}DK^2}{2EI_{pr,3}}-\frac{F_{py,2}DK^2\sin\alpha}{2EI_{pr,3}}+\frac{F_{wz,1}KD^2\sin^2\alpha}{EI_{pr,3}}+\lambda_3+\lambda_4D\sin\alpha-\lambda_5D\cos\alpha=0 \tag{2.42}$$

令变量：$\boldsymbol{X}_3=[\ F_{px,1}\ F_{py,1}\ F_{pz,1}\ F_{px,2}\ F_{py,2}\ F_{pz,2}\ \lambda_1\ \lambda_2\ \lambda_3\ \lambda_4\ \lambda_5]$

方程右侧常数项：$\boldsymbol{B}_3=[\ F'_{jx,1}\ F'_{jy,1}\ F'_{jz,1}\ M'_{jx,1}\ M'_{jy,1}\ M'_{jz,1}\ 0\ 0\ 0\ 0\ 0]^{\mathrm{T}}$

令 $F_{gx}=8\times10^4$ N、$F_{gy}=1.2\times10^5$ N、$F_{gz}=4.25\times10^4$ N、$M_g=5.32\times10^4$ N·m，可求得摇臂与机身铰接点 p_1、p_2 随摇臂举升角的变化，如图2.7所示。

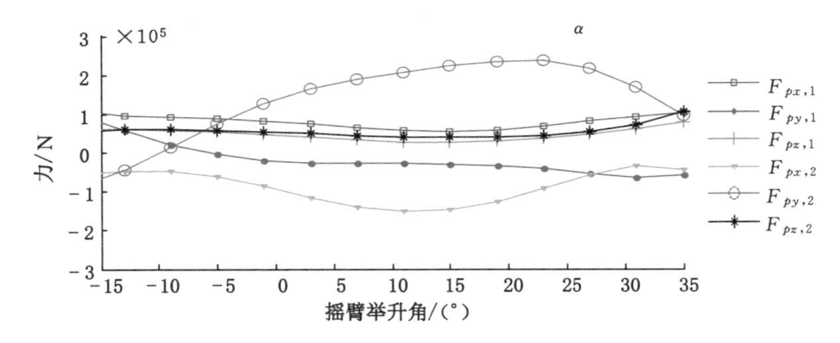

图2.7 摇臂与机身连接点载荷图

如图2.7所示，p_2点处的约束力 $F_{px,2}$、$F_{py,2}$受举升角的影响较大，特别是 $F_{py,2}$随着举升角在−15°～25°范围内呈现非线性增加趋势，举升角在25°～35°范围变化时，$F_{py,2}$值急剧减小，其余值受举升角的影响相对较小。p_1点的载荷绝对值最大值分别为：$F_{px,1}$、$F_{py,1}$、$F_{pz,1}$，其值分别为：2.579×10^5 N、0.583×10^5 N、5.878×10^5 N，对应的摇臂举升角分别为：35°、19°、35°；p_2点的载荷绝对值最大值分别为：$F_{px,2}$、$F_{py,2}$、$F_{pz,2}$，其值分别为：1.98×10^5 N、2.35×10^5 N、4.01×10^5 N，对应的摇臂举升角分别为：−15°、19°、35°。

2.1.3 载荷数据自适应加权融合算法研究

对于加权融合方法来说，需要对多个时刻监测数据进行融合处理，得到相比单一数据更加精准的估计值。通过加权融合方法对原始数据进行处理的优点是直观、信息损失小，融合性能好。在融合处理过程中最重要的问题是各个时刻数据的权值分配，权值的选择对最终结果具有极大影响。目前，对融合算法而言，加权平均法是比较简单、常用的一种方法，这种方法比较直观，通过对多个数据进行权重平均分配作为融合值，但是此种方法存在局限性，权值选取具有主观性，当每个数据受权值影响较大时，由于不能实时更改各个参与融合过程数据的权值，导致融合的结果并不理想。因此，能够自动调整各数据权值的自适应加权融合算法相对加权平均法处理多数据更精准，融合效果更理想。

目前，针对时域上常用的对多个时刻数据进行降噪加权融合的算法有两种，分别是LMS(最小均方误差)自适应加权融合算法与RLS(递推最小二乘法)自适应加权融合算法，这两种算法均是根据各自的设计准则迭代更新，使权重收敛于理论最优权重，其输入输出关系原理如图2.8所示，图中，$d(n)$表示真实值，$e(n)$表示误差，$x(n)$表示输入，$y(n)$表示输出。

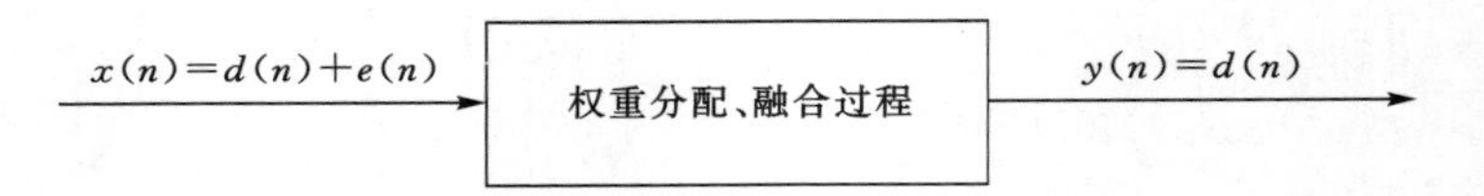

图2.8　加权融合算法输入输出关系

2.1.4　最小均方算法研究

LMS算法，也被称作最小均方算法，其具有计算简单，收敛性好的特点，随着各个数据权重的迭代过程逐步地收敛到真实解，该算法性能优异，目前用途非常广泛。

自适应加权LMS算法总体思想是在保证均方差最小的情况下，依据各个传感器的原始采集数据，通过迭代，沿着数据方差的梯度下降方向，得到对应的最优权重系数，使融合值达到最理想状态，其算法模型结构如图2.9所示。

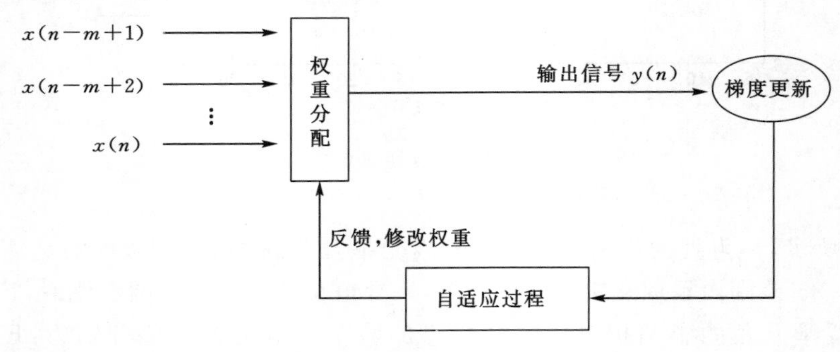

图2.9　算法模型结构图

图中$x(n-m+1)$、$x(n-m+2)$、…、$x(\mathrm{n})$为n时刻输入信号，记为$X(n)$，$y(n)$为输出信号。设$d(n)$为期望信号，$e(n)$为误差信号，则算法的输出误差期望与输出之差：

$$e(n)=d(n)-y(n) \tag{2.43}$$

$y(n)$是多个输入数据与对应权重系数乘积的和，表示为：

$$y(n)=w(n)^{\mathrm{T}}X(n) \tag{2.44}$$

式中，w^{T}为权重系数向量。

对方差取期望可得代价函数为：

$$J(n)=E\{e^2(n)\}=E\{[d(n)-y(n)]^2\}$$

$$
\begin{aligned}
&= E\{[d(n) - w(n)^{\mathrm{T}} X(n)]^2\} \\
&= E\{d(n)^2\} - 2E\{X(n)^{\mathrm{T}} d(n) w(n)\} + \\
&\quad E\{w(n)^{\mathrm{T}} X(n) X(n)^{\mathrm{T}}(n) w(n)\}
\end{aligned}
\tag{2.45}
$$

将 P 定义为输入与期望之间的互相关矩阵，$\boldsymbol{R}$ 定义为输入信号的自相关矩阵，即：

$$
\boldsymbol{P} = E\{X(n)d(n)\} = \begin{bmatrix} x(n)d(n) \\ x(n-1)d(n) \\ \vdots \\ x(n-m+1)d(n) \end{bmatrix} \tag{2.46}
$$

$$
\boldsymbol{R} = \{X(n)x^{\mathrm{T}}n\} = \begin{bmatrix} l(0) & l(1) & \cdots & l(m-1) \\ l(1) & l(0) & \cdots & l(m-2) \\ \vdots & \vdots & & \vdots \\ l(m-1) & l(m-2) & \cdots & l(0) \end{bmatrix} \tag{2.47}
$$

式(2.47)中 $l(m-1)$ 为相隔 m－1 时刻的输入信号自相关函数，即：

$$
l(m-1) = E\{X(n-m)X^{\mathrm{T}}(n-1)\} \tag{2.48}
$$

则平均方差表达式为：

$$
J(n) = E\{d^2(n)\} - 2P^{\mathrm{T}} w(n) + w^{\mathrm{T}}(n) R w(n) \tag{2.49}
$$

由上式可知，系统的平均方差表达式为权重系数的二次函数，因此，要想使 J(n) 达到最小，则对该式求导，即 J(n)的梯度，令其为零，便可以得到在平均方差最小时所对应的权重系数。对式(2.49)求导可得梯度为：

$$
\nabla J[w(n)] = \partial J(n)/\partial w(n) = -2P + 2Rw(n) \tag{2.50}
$$

令上式为 0，则可得到最优的权重系数解：

$$
w_0 = R^{-1} P \tag{2.51}
$$

上式中，既是著名的维纳解，是理论上的最优权重向量。但根据式(2.51)求解最优权重系数，则要求每时刻自相关矩阵的逆矩阵，尤其是当采用更多个时刻数据时，计算量过大，计算复杂，因而，采用一种递推、迭代的求解系数方法，即 LMS 算法，将瞬时误差平方代替式(2.50)的均方误差，根据上一时刻的权重系数矩阵，求解下一时刻的系数矩阵，使满足：

$$
J(w_0) \leqslant J[w(n)] \tag{2.52}
$$

$$
J[w(n+1)] \leqslant J[w(n)] \tag{2.53}
$$

则此时梯度转换为：

$$
\nabla e(n)^2 = \partial e(n)^2/\partial w(n) = 2e(n)\partial e(n)/\partial w(n) = -2e(n)x(n) \tag{2.54}
$$

利用式(2.54)的梯度更新，建立最陡下降法新的 LMS 权重更新方式如下：

$$
w(n+1) = w(n) - \frac{1}{2}\mu \nabla e(n)^2 = w(n) + \mu e(n) X(n) \tag{2.55}
$$

最终，随着每一次迭代，权重会收敛到最优解 w_0。

式中，μ 为常数，是步长参数，关系到更新过程的收敛与否；1/2 是为了在数学上方便处理。梯度方向即是方差最小的方向，其迭代原理如图 2.10 所示，图中圆点处为方差最小的点，对应理论最优权重，式(2.55)沿着梯度下降方向和方差等高线逐渐迭代到方差最小点，得到最优权重解。

重写式(2.55)如下：

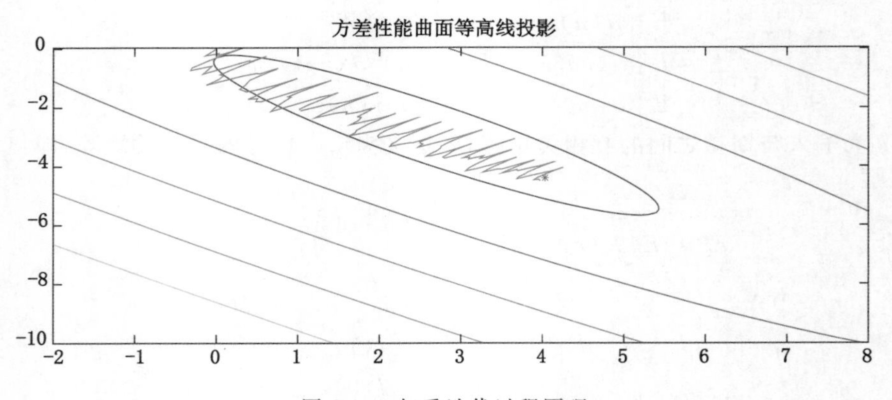

图 2.10　权重迭代过程原理

$$\begin{aligned} w(n+1) &= w(n) - \mu(d(n) - y(n))X(n) \\ &= w(n) - \mu(d(n) - X^{\mathrm{T}}(n)w(n))X(n) \\ &= (I - \mu x(n)X^{\mathrm{T}}(n))w(n) + \mu X(n)d(n) \\ &= (I - \mu R)w(n) + \mu P \end{aligned} \tag{2.56}$$

若是按照均方误差进行迭代更新可得：

$$\begin{aligned} w(n+1) &= w(n) - \frac{1}{2}\mu \ \nabla J(n) \\ &= w(n) - \mu[-P + Rw(n)] \\ &= (I - \mu R)w(n) + \mu P \end{aligned} \tag{2.57}$$

通过比较式(2.56)与(2.57)可知，采用均方误差梯度的权重更新与采用瞬时误差梯度的权重更新形式一样，最终均收敛于理论最优解。

上述的推导的目标是使 $w(n)$ 趋近于 w_0，即当 $n\to\infty$ 时，$w(n)$ 是收敛于最优解 w_0。根据式(2.54)可知，$w(n)$ 收敛与 μ 有关，所以需要分析 μ 需要满足什么条件才可以使 $w(n)$ 收敛于 w_0。

设初始权重为 $w(0)$，对于式(2.56)则有：

$$\begin{aligned} & w(1) = (I - \mu R)w(0) + \mu P \\ & w(2) = (I - \mu R)w(1) + \mu P = (I - \mu R)2w(0) + (I - \mu R)\mu P + \mu P \\ & \qquad \vdots \end{aligned}$$

$$w(n+1) = (I - \mu R)\ n + 1w(n) + \sum_{i=0}^{n} (I - \mu R)^i \mu P$$

对自相关矩阵 $\boldsymbol{R}$ 进行特征值分解：

$$R = Q\Lambda Q^{\mathrm{T}} \tag{2.58}$$

式中，$\boldsymbol{\Lambda}$ 为对角阵，矩阵 $\boldsymbol{R}$ 的特征值作为对角阵的对角线元素，记为（λ_1、λ_2、…、λ_n），均为正实数，将 $w'(n)$ 定义为 $Q^{\mathrm{T}}w(n)$，则可得到

$$w'(n+1) = (I - \mu\boldsymbol{\Lambda})^{n+1}w'(n) + \sum_{i=0}^{n} (I - \mu R)^i \mu P \tag{2.59}$$

因此，在进行第 k 个时刻数据的迭代时，上式可写为：

$$w'(n+1)=(1-\mu\lambda_k)^{n+1}w'(n)+\sum_{i=0}^{n}(I-\mu R)^i\mu P \tag{2.60}$$

则要使权重矩阵收敛，需要上式前一项趋近于0，即 n 趋近于无穷大时，$(1-\mu\lambda_k)^n$ 趋近于0，则 $1-\mu\lambda_k$ 要满足：

$$-1<1-\mu\lambda_k<1 \tag{2.61}$$

根据上式，可得到步长参数的范围：

$$0<\mu<\frac{2}{\lambda_{max}} \tag{2.62}$$

式中，λ_{max} 是矩阵 $\boldsymbol{R}$ 的特征最大值，在步长参数满足上式条件时，权重矩阵逐渐收敛于最优权重。

将平均方差表达式 $J(w(n+1))$ 在 $w(n)$ 处一阶泰勒展开：

$$\begin{aligned}J(w(n+1))&=J(w(n))+g^{\mathrm{T}}(n)\delta(w(n))\\&=J(w(n))-\frac{1}{2}\mu\,|g(n)|^2\end{aligned} \tag{2.63}$$

由上式可知，在 $\mu>0$ 时，表达式 $J(w(n))$ 是处于逐渐减小的趋势，符合收敛特性。

综上，LMS 算法的计算流程为：

(1) 计算输出融合值 $y(n)=w^{\mathrm{T}}(n)x(n)$。

(2) 计算输出 $y(n)$ 与期望 $d(n)$ 之间的误差 $e(n)$，在实际应用中期望信号 $d(n)$ 通常未知，所以将输入信号序列 $X(n)$ 作为参考信号，参与计算过程。

(3) 根据式(2.54)与误差 $e(n)$ 进行下一时刻权重的迭代更新。

2.1.5 最小二乘算法研究

RLS(Recursive Least Square)算法，又名递推最小二乘法，是一种自适应高斯-牛顿算法。在融合过程中与 LMS 相同，均是调节参与融合过程数据的权重，但是 RLS 算法的根本原则是使真实信号即期望信号与融合输出信号之差的平方和最小，每次的融合过程均是直接求解最佳权重的过程，这点与 LMS 算法进行迭代更新的求解过程不同，因此，采用 RLS 算法求解的结果是比较精准的。

RLS 算法的融合输出结果形式与 LMS 算法相同：

$$y(n)=w^{\mathrm{T}}(n)X(n) \tag{2.64}$$

$X(n)$ 为 n 时刻输入信号序列 $[x(n-m+1)、x(n-m+2)、\cdots、x(\mathrm{n})]$。

算法构建的代价函数为：

$$J(n)=\sum_{i=1}^{n}\lambda^{n-i}\,|e(i)|^2\quad(0<\lambda<1) \tag{2.65}$$

误差定义为：

$$e(i)=d(i)-y(i) \tag{2.66}$$

式中，$e(i)$ 为 i 时刻期望 $d(i)$ 与融合输出 $y(i)$ 之间的误差；λ 为遗忘因子，其作用是使距离 n 时刻较近的数据具有更大的权重，距离 n 时刻较远的数据具有更小的权重。

根据式(2.66)，将代价函数改写为：

$$J(n)=\sum_{i=1}^{n}\lambda^{n-i}\,|d(i)-w^{\mathrm{T}}(n)X(i)|^2 \tag{2.67}$$

为了使代价函数取得最小值，对权重求导，使其为 0。

$$\frac{\partial J(n)}{\partial w}=\sum_{i=1}^{n}\lambda^{n-i}X(i)X^{\mathrm{T}}(i)w(n)-\sum_{i=1}^{n}\lambda^{n-i}X(i)d(i)=0 \tag{2.68}$$

即：

$$\sum_{i=1}^{n}\lambda^{n-i}X(i)X^{\mathrm{T}}(i)w(n)=\sum_{i=1}^{n}\lambda^{n-i}X(i)d(i) \tag{2.69}$$

令：

$$\begin{aligned}Q(n)&=\sum_{i=1}^{n}\lambda^{n-i}X(i)X^{\mathrm{T}}(i)\\V(n)&=\sum_{i=1}^{n}\lambda^{n-i}X(i)d(i)\end{aligned} \tag{2.70}$$

则可得到权重向量的最优解为：

$$w(n)=Q^{-1}(n)V(n) \tag{2.71}$$

式(2.71)是基于 RLS 的维纳解，根据上式求解计算量依然很大，所以研究基于 RLS 算法的权重更新过程。

根据式(2.71)的 $Q(n)$ 可得：

$$\begin{aligned}Q(n)&=\sum_{i=1}^{n}\lambda^{n-i}X(i)X^{\mathrm{T}}(i)\\&=\sum_{i=1}^{n-1}\lambda^{n-i-1}X(i)X^{\mathrm{T}}(i)+X(n)X^{\mathrm{T}}(n)\\&=Q(n-1)+X(n)X^{\mathrm{T}}(n)\end{aligned} \tag{2.72}$$

令 $A=Q(n)$，$B^{-1}=Q(n-1)$，$C=x(n)$，$D=1$，则上式可表示为：

$$A=B^{-1}+CD^{-1}C^{\mathrm{T}} \tag{2.73}$$

由矩阵求逆引理可得：

$$\boldsymbol{A}^{-1}=\boldsymbol{B}-\boldsymbol{BC}(\boldsymbol{D}+\boldsymbol{C}^{\mathrm{T}}\boldsymbol{BC})^{-1}\boldsymbol{C}^{\mathrm{T}}\boldsymbol{B} \tag{2.74}$$

即：

$$Q^{-1}(n)=Q^{-1}(n-1)-\frac{Q^{-1}(n-1)X(n)X^{\mathrm{T}}(n)Q^{-1}(n-1)}{1+X^{\mathrm{T}}(n)Q^{-1}(n-1)X(n)} \tag{2.75}$$

定义一个增益向量 $K(n)$ 为：

$$K(n)=\frac{Q^{-1}(n-1)X(n)}{1+X^{\mathrm{T}}(n)Q^{-1}(n-1)X(n)} \tag{2.76}$$

则式(2.75)可表示为：

$$Q^{-1}(n)=Q^{-1}(n-1)-K(n)X^{\mathrm{T}}(n)Q^{-1}(n-1) \tag{2.77}$$

由权重的最优解可得：

$$\begin{aligned}w(n)&=Q^{-1}(n)V(n)\\&=Q^{-1}(n)\sum_{i=1}^{n}\lambda^{n-i}X(i)d(i)\\&=Q^{-1}(n)[V(n-1)+X(n)d(n)]\\&=[Q^{-1}(n-1)-K(n)X^{\mathrm{T}}(n)Q^{-1}(n-1)][V(n-1)+X(n)d(n)]\end{aligned}$$

$$=w(n-1)+d(n)k(n)-k(n)X^{\mathrm{T}}(n)w(n-1) \tag{2.78}$$

化简得：

$$w(n)=w(n-1)+K(n)e'(n) \tag{2.79}$$

式中，$e'(n)$为先验估计误差，表达式为：

$$e'(n)=d(n)-w^{\mathrm{T}}(n-1)X(n) \tag{2.80}$$

综上，基于 RLS 的加权融合算法流程如下：

(1) 计算先验误差 $e'(n)$，式中期望未知，将输入信号作为期望信号。

(2) 更新增益向量 $K(n)$

(3) 更新权重 $w(n)$。

(4) 按照式(2.77)更新矩阵 $Q^{-1}(n)$。

2.1.6　两种算法仿真分析

首先，构建仿真模拟信号，设置 $m=2,\lambda=0.97$，即当前时刻与前一时刻的数据参与融合过程，其对应的权重用 w_1 和 w_2 表示。采用二阶自回归方程生成非平稳随机输入信号，数据个数为 3 000 个。

$$\begin{cases} x(1)=v(1) \\ x(2)=1.4x(1)+v(2) \\ x(3)=1.4x(2)-0.6x(1)+v(3) \\ \quad\vdots \\ x(n)=1.4x(n-1)-0.6x(n-2)+v(n) \end{cases} \tag{2.81}$$

式中，$n=3\ 000$，$v(n)$为均值为 0，方差为 1 的高斯白噪声，期望信号 $d(n)=x(n)-v(n)$，则该信号参与融合数据对应的固定权重分别为 1.4 与 0.6。输入信号曲线如图 2.11 所示。

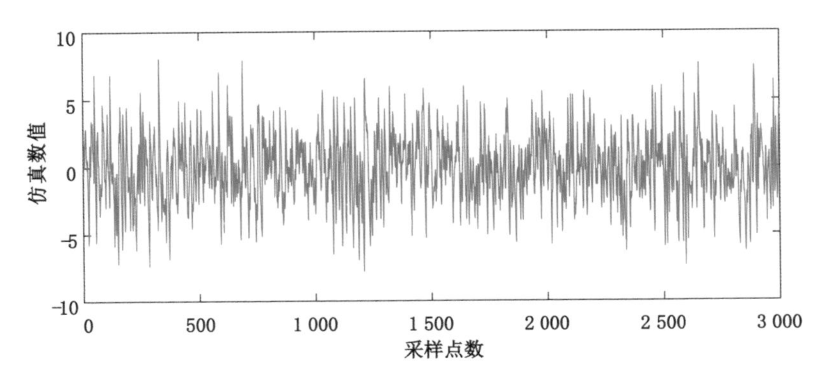

图 2.11　输入信号曲线

根据上述理论进行仿真处理，得到两种算法权重收敛于最优权重的对比曲线如图 2.12 所示，两种算法与原始带噪信号的均方误差曲线如图 2.13 所示。

图 2.12 中黑色直线为参与加权融合过程的两组数据对应的最优权重，分别为 1.4 和 −0.6，则从图可知，RLS 算法中的权重收敛速度与 LMS 算法中的权重收敛速度相比更快。

从图 2.13 可知，原始信号的均方误差最大；经过 LMS 算法处理的信号随着收敛过程均

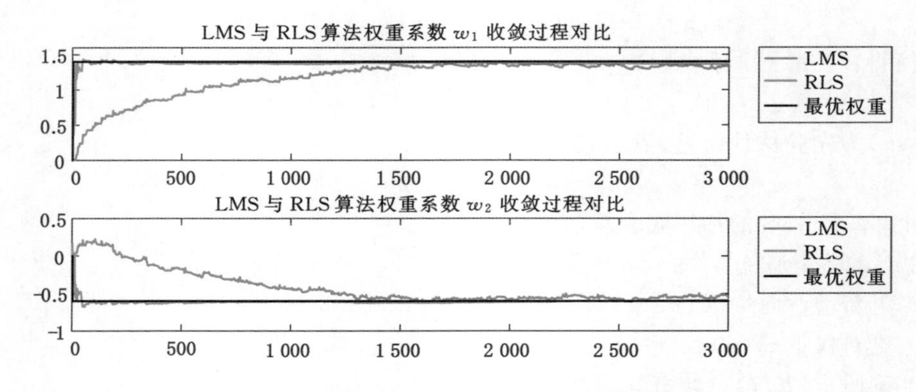

图 2.12　两种算法权重收敛于最优权重的对比曲线

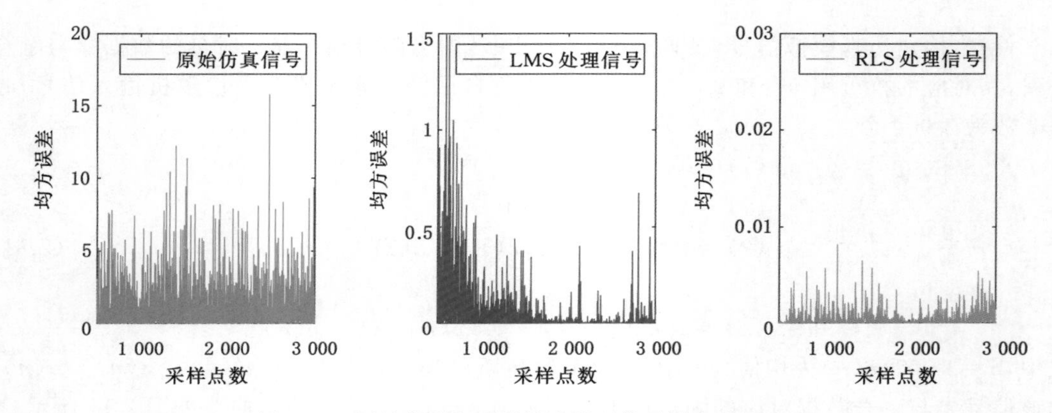

图 2.13　原始信号与两种算法处理信号均方误差对比

方误差逐渐减小；经过 RLS 算法处理的信号均方误差最小；综合图 2.12、图 2.13 说明 RLS 算法在相同条件下具有更好的性能优势。因此，本文载荷数据融合处理选择 RLS 算法。

RLS 算法中遗忘因子 λ 对结果是有一定影响的，不同的遗忘因子值会得到不同的结果，所以，对几种不同遗忘因子对权重的影响进行了仿真分析。其收敛对比曲线如图 2.14 所示。

从图 2.14 可知，λ 越大，其越收敛于最优权重，$\lambda=0.99$ 时，与最优权重最为贴合，因此 λ 取值为 0.99。

下面再通过仿真研究 RLS 算法参与融合过程的数据个数 m 对结果的影响。融合数据个数的选取既要保证精准度，也要考虑计算量。采用式(3.41)的仿真信号，分别设置六组仿真，对应的 m 值分别为 $m=1$、$m=2$、$m=4$、$m=6$、$m=8$、$m=10$。相对应的均方误差曲线如图 2.15 所示。

$m=1$ 时，即仅依靠当前时刻数据按照算法设计原则调节自身权重，没有其他时刻数据参与融合，属于未融合过程。从上图可以看出，$m=1$ 时，均方误差值最大，说明仅靠一个数据调节权重系数的误差较大，不能够满足精度要求；$m=2$ 时，其均方误差是最小的，随着 m 的逐渐增大，均方误差值越来越大。所以，在采用 RLS 算法进行处理时，选择 $m=2$，此时输

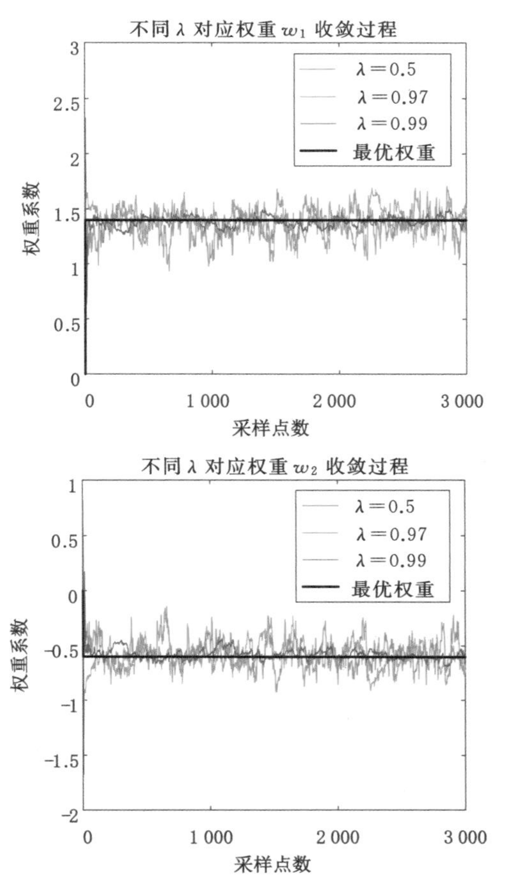

图 2.14　不同 λ 对权重收敛过程的影响

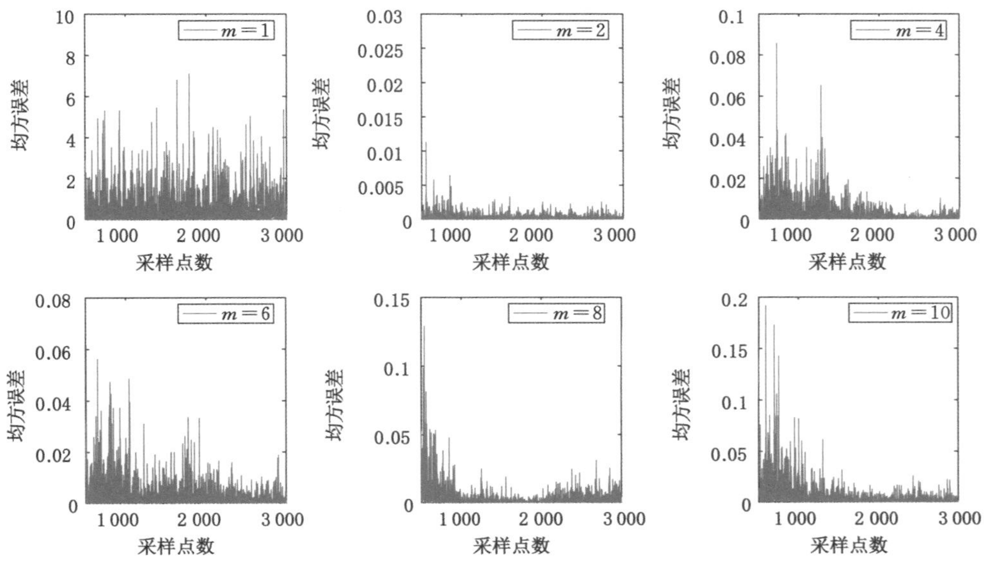

图 2.15　不同 m 条件下均方误差曲线

出值均方误差最小，准确度最高，且计算量与其他 m 值条件相比最小，更能够保证实时处理数据。

2.2　多传感器滚筒载荷感知方法研究

采煤机滚筒安装在摇臂的前端。由驱动电机通过多级齿轮驱动滚筒截割煤岩，所以滚筒的截割载荷会在摇臂和传动系统内传递，现有的滚筒载荷识别方法通过采用单一传感器进行感知，因煤矿井下工况环境恶劣，单一传感器的感知精度低、效果差，为此本节从多传感器联合角度对滚筒载荷进行感知，主要包括：滚筒截齿截割载荷感知系统研究、摇臂滚筒截割扭矩感知系统研究、摇臂连接销轴感知系统研究、摇臂变形感知系统研究，首先以截割部零部件的实际结构尺寸为基础，构建其三维虚拟模型，再通过有限元模型对各个关键部件进行静力学分析，找出感知受力点，为传感器的结构设计提供研究依据，其中采煤机滚筒转速的感知方法是直接通过霍尔传感器进行检测。

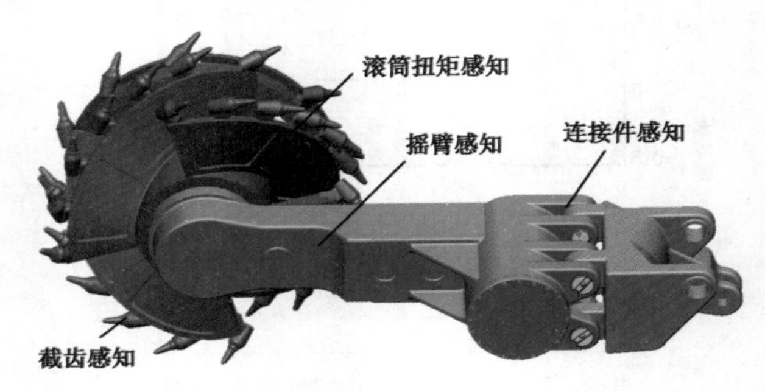

图 2.16　多传感器滚筒截割载荷感知总体方案

2.2.1　截齿滚筒截割载荷感知系统设计

采煤机滚筒由筒毂、叶片、截齿、截齿座等组成，采煤机三头螺旋滚筒.本文选用西安煤机厂生产的 MG500/1130-WD 型采煤机相关资料，采煤机总截齿数量为 39 个，其中端盘截齿 18 个，螺旋叶片截齿 21 个，该采煤机滚筒为 3 头螺旋叶片。螺旋叶片截齿为顺序式排列，截线数为 7，端盘截齿和螺旋叶片截齿均为等截距布置，截齿布置图如图 2.17 所示。

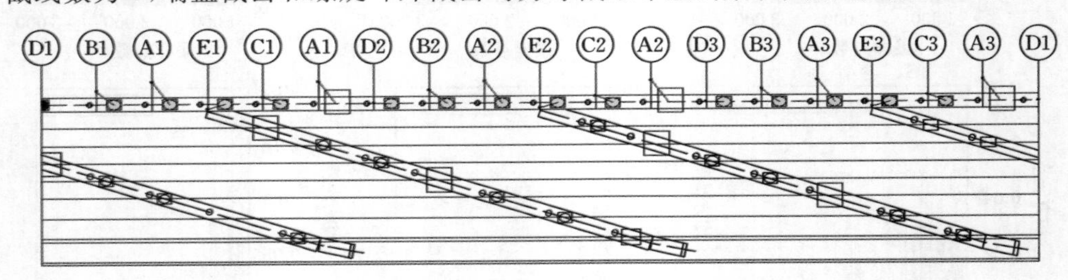

图 2.17　MG500/1130-WD 型采煤机截齿布置

图 2.17 中 1、2、3…7 代表叶片区截线，A、B…E 代表端盘区截线；每个截齿的编号用 Z_{ij}

表示，例如：Z_{12} 代表第 1 截线上第二个截齿；叶片区截线间距 $d=80$ mm，端盘区截线间距 $d'=40$ mm 。

由图 2.17 可知，端盘区一共有 5 条截线，截齿顺序排列，所以各截线上相邻截齿间隔位置角为 17.15°×5=85.75°。令 $\varphi_{a10}=0°$，则端盘区各截齿初始位置角可由下式计算：

$$\begin{cases}\varphi_{aj,0}=85.75°\times(j-1)\\ \varphi_{bj,0}=68.6°+85.75°\times(j-1)\\ \varphi_{cj,0}=51.45°+85.75°\times(j-1)\\ \varphi_{dj,0}=34.3°+85.75°\times(j-1)\\ \varphi_{ej,0}=17.15°+85.75°\times(j-1)\end{cases} \tag{2.82}$$

叶片区每条截线上均有三个截齿均匀分布，所以叶片区每条截线上相邻截齿位置角间隔为 120°，每个螺旋叶片包角为 140°，每个叶片上有 7 个截齿，相邻截齿位置角间隔为 10°。则可知叶片区各截齿初始位置角如下式所示：

$$\varphi_{ij,0}=(10i+20)°+120°\times(j-1) \tag{2.83}$$

采煤机滚筒在截割煤岩时可以分解为受到三个方向力的作用，如图 2.18 所示，其滚筒在截割煤岩时，首先接触煤岩的是截齿，因此可知，截齿同样受到三个反向力的作用。

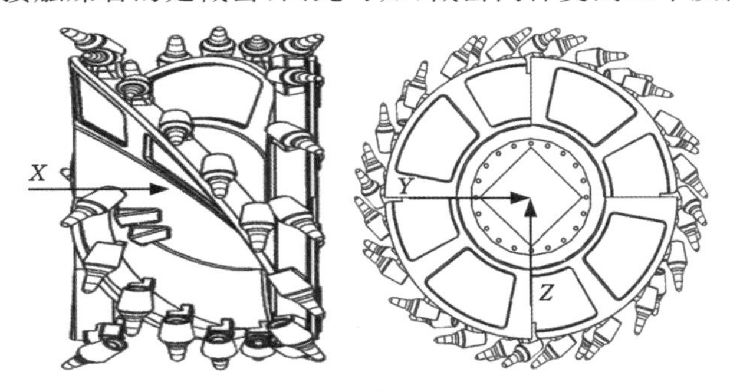

图 2.18　采煤机螺旋滚筒结构图

根据截煤理论，截齿在切割煤岩的过程中，截齿尖端部分会受到煤岩的反作用力，根据这个结果，在截齿部分进行静力学分析中，采用集中力代替均布力，并将集中力沿直角坐标各轴进行分解为沿着 X 轴方向的切割阻力、沿着 Y 轴的推进阻力和沿着 Z 轴的轴向阻力三部分截齿及齿座部分受力分析图如图 2.19 所示。

截齿安装在滚筒上的齿座内，实际应用中，为了保证截齿均匀模型，截齿安装到齿座后可沿自身轴线回转，受此因素影响，在截齿内安装传感器测量截割载荷是无法实现的，为此，可通过在齿座内安装传感器对截割载荷进行测量，以截齿齿座为分析对象，为获取截齿所受阻力数据，对采煤机改进截齿及齿座进行应力分析，以确定截齿在截割煤岩时截齿受力分布规律，为采煤机截齿齿座应变计布置提供一定的理论依据。

采用三维建模软件 Solidworks 和有限元分析软件 ANSYS 建立有限元模型对截齿及其固定底盘的整体进行静力学分析。将 SolidWorks 构建的几何模型直接导入 workbench 中，采用软件自由网格划分，单元大小为 0.005 m，网格大小适宜，结果精确。截齿选用密度为 7.83×10^{-6} kg/mm^3，泊松比为 0.3，弹性模量为 207 GPa。截齿及其底盘 ANSYS 有限元模型构建如图 2.20 所示。

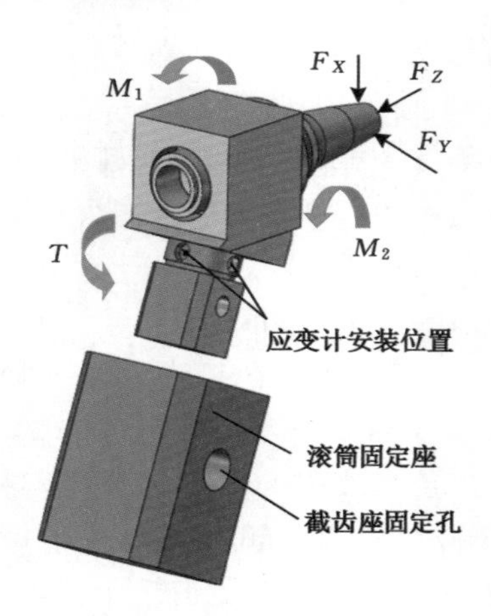

图 2.19　改装截齿和齿座受力

实际截齿由齿身和焊接安装在齿身上的齿头两部分组成，有限元分析时将齿身和齿头视为固定黏结，且不考虑截齿在齿座中的自转，截齿与齿座固定连接，实现对截齿根部完全约束。在分析截齿静力学性能前，添加截齿底座底面位移约束，轴孔添加固定约束，给予底座 X 和 Y 方向的固定约束；假设截齿承受的阻力载荷为集中载荷，且集中在截齿顶端附近，因此施加载荷时候，选取距离截齿尖端附近内的所有节点为受力点，给每个节点加载切割阻力、推进阻力、轴向阻力，切割阻力、推进阻力、轴向阻力的加载比例为 1∶0.5∶0.4。ANSYS 求解结果后处理，等效应力云图如图 2.21 所示。

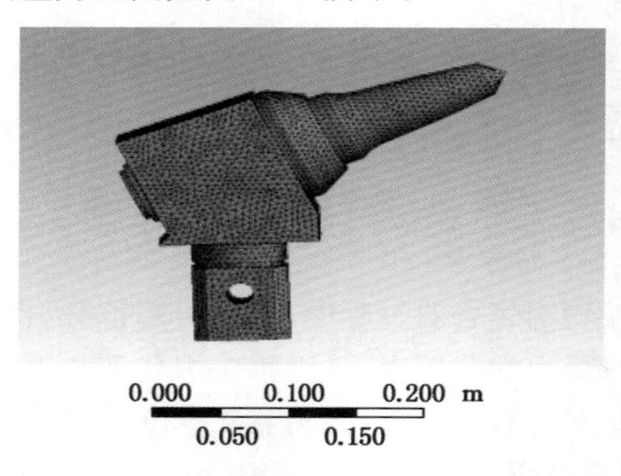

图 2.20　截齿及底座有限元模型图

由图 2.21 可知，整体等效应变并未出现在施加载荷的截齿尖端部位，而是出现在齿座与底盘交接处，截齿顶端部分与截齿套应力并不连续，表明截齿套的应变变化并不一致，这是因为截齿尖为硬质合金材料，弹性模量较大。

由于截齿顶端受集中载荷，应力较大，应变较小，在齿座与底盘交界处所受应变较大，因此，在底座与齿座交界处易发生失效，故在此处安装应变计，能够获得更加精确的应力数据。

图 2.22 所示为通过改装截齿齿座，并在已确定好的滚筒截齿齿座安装应变计，为了补偿温度影响应变计，采用半桥接线方式连接到应力采集模块，测试出滚筒截齿三向力应变量，建立数据库模型便于后续进行数据分析处理。

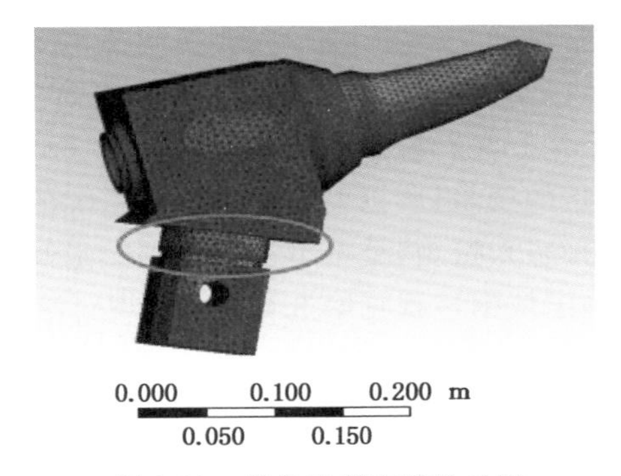

图 2.21 截齿及底座等效云图

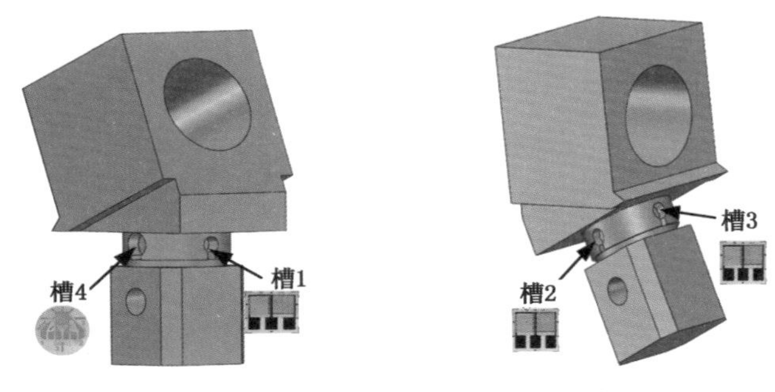

图 2.22 滚筒截齿齿座安装位置示意图

在测试中，在截齿齿座处，采用焊接式应变计，根据前面分析，槽1、槽2、槽3分别粘贴互相垂直的两个应变计，一路应变计为测试应变计，另一路为温度补偿应变计，可以补偿摇臂温度的影响，应变计通过点焊安装并做防护处理，由前面分析截齿及齿座存在扭矩应力，所以槽4焊接两种形式的应变元件，即45°应变花和90°应变计，上述应变计均为半桥连接方式，截齿齿座半桥电路接线如图2.23所示。

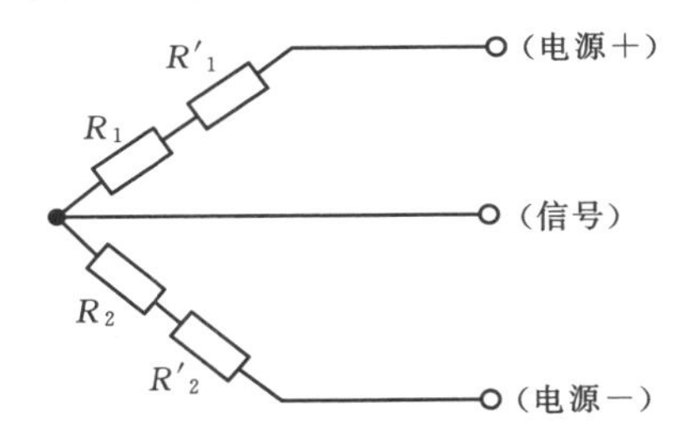

图 2.23 截齿齿座半桥电路接线方式

图2.23中 R_1、R_2 测试应变计，R'_1、R'_2 为导线补偿电阻，图为其中一路应变计的互相垂直的两个应变计组成半桥电路接线方式，接入无线应变采集模块。

2.2.2 滚筒截割扭矩感知系统设计

采煤机滚筒截割传动系统是通过采煤机摇臂中的多级直齿传动和行星传动系统共同来实现，因此采煤机滚筒扭矩也是依靠齿轮进行传递的。受煤层节理发育和夹矸等因素影响，采煤机在作业过程中滚筒经常遇到交变冲击载荷，会引起传动系统的扭矩突然变化，通过测量采煤机齿轮扭矩和转速，可以实时监测滚筒式采煤机的滚筒扭矩信息。根据使用的采煤机齿轮传动结构如图 2.24 所示。由于摇臂内的齿轮数量较多，实际工作中，不能在任意齿轮中安装传感器进行滚筒扭矩的测量，所以要对齿轮啮合系统的传动特性进行详细分析，才能确定最佳的齿轮轴传感器来感知扭矩，受本节内容篇幅的限制，本节选取距离滚筒最近的惰轮轴作为研究对象，具体确定依据过程见第 3.4 节来实现对滚筒转矩测试。

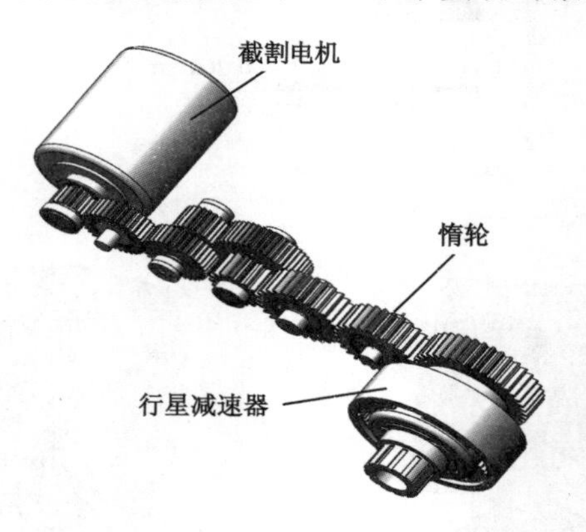

图 2.24　采煤机摇臂齿轮传动结构图

如图 2.24 所示为采煤机截割部的摇臂减速器传动简图，以及其中的惰轮轴所在位置。在图 2.24 中左侧是截割电机，经中间减速齿轮传动机构将电动机的输入扭矩传输到滚筒行星减速器，行星减速器连接截割滚筒，拟选取离滚筒一侧距离最近的惰轮作为试验对象，因为惰轮轴的位置距离滚筒最近，可以减少中间零件在传递过程中损失的输入扭矩，加大了试验的监测精确程度。

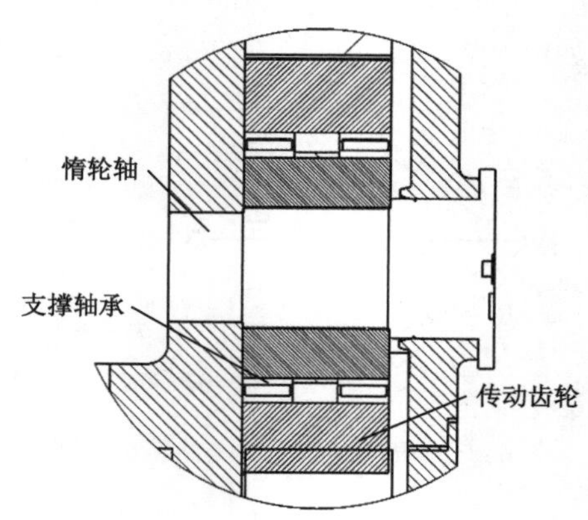

图 2.25　摇臂惰轮轴及齿轮结构

惰轮轴所受压力根据力的平衡原理可以分解成切向力和径向力，压力由惰轮施加到惰轮轴上，即替换的销轴传感器，惰轮轴受力如图 2.26 所示。其中 F_t 是惰轮轴切向合力，$F_{t,1}$ 和 $F_{t,2}$ 是切向分力；F_r 是惰轮轴径向合力，$F_{r,1}$ 和 $F_{r,2}$ 是径向分力，T 表示扭矩，d 表示惰轮直径对销轴受力分析可得：

$$\begin{cases}F_t=F_{t,1}+F_{t,2}\\F_r=F_{r,1}+F_{r,2}\\F_t=2T/d\end{cases}\tag{2.84}$$

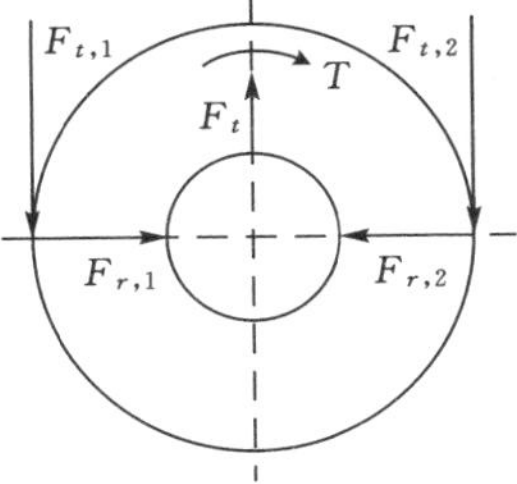

图 2.26　摇臂惰轮轴受力图

通过对销轴传感器采集到 2 个方向的受力数据 $F_{t,1}$、$F_{t,2}$（切向）、F_r（径向），其中 $F_{r,1}$ 是惰轮 6 的作用力，$F_{r,2}$ 是行星轮 10 的反作用力，采煤机截割过程中，切向分力 $F_{t,1}=F_{t,2}=F_t/2$，径向合力 $F_r=0$，所以实际扭矩 $T=F_t\cdot d/2$。

惰轮轴受力简图如图 2.27 所示。在测试过程中，采煤机滚筒加减速过程中，惯性力矩忽略不予考虑。由于惰性轮轴及齿轮的惯性矩相对整个截割滚筒传动系统的惯性矩较小，可以忽略不计。因此，采用销轴传感器替代惰轮轴，通过测量惰性轮销轴受力，求出合力 F_t，进而获得截割滚筒扭矩 T。

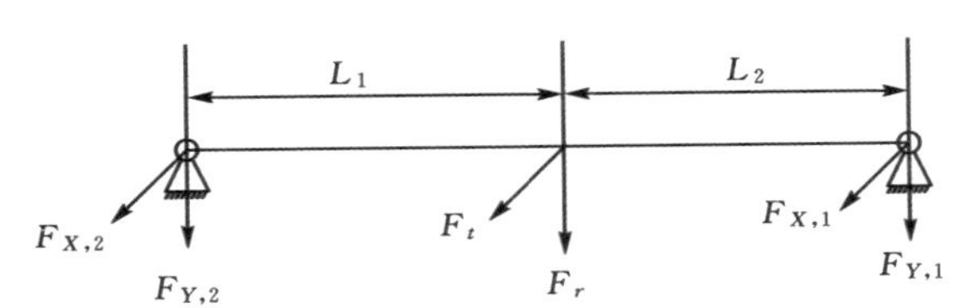

图 2.27　惰轮轴受力简图

$$\begin{cases}T=9.55\times10^6\,\dfrac{P}{n}\\F_t=2T/d\end{cases}\tag{2.85}$$

采用 Solidworks 和 ANSYS 建立有限元模型对惰轮轴进行静力学分析。利用 Solid-Works 建立惰轮轴模型，导入 ANSYS 软件 Workbench 中进行应力分析，惰轮受力，采煤机实际截割工作过程中，惰轮轴所受两个径向力作用于轴心，大小相等，方向相反，两个切向力相等，可得到实际作用扭矩。

由于摇臂内传动系统中各惰轮轴的形式相同、结构简单，可以以其中任意一个惰轮轴为研究对象，分析其应变计在轴内的安装位置，分析结果也同样适用于其他惰轮轴，使用自动网格划分，使用软件自带网格质量验证，可以得到惰轮轴符合分析要求。

对惰轮轴两端面添加位移约束和圆柱面固定约束，对惰轮轴中间部分施加作用扭矩。ANSYS 求解之后，得到等效应力云图如图 2.28 所示。

由图中可以直接看出惰轮轴各部分连接处应力变化明显，因此销轴传感器的应变计布

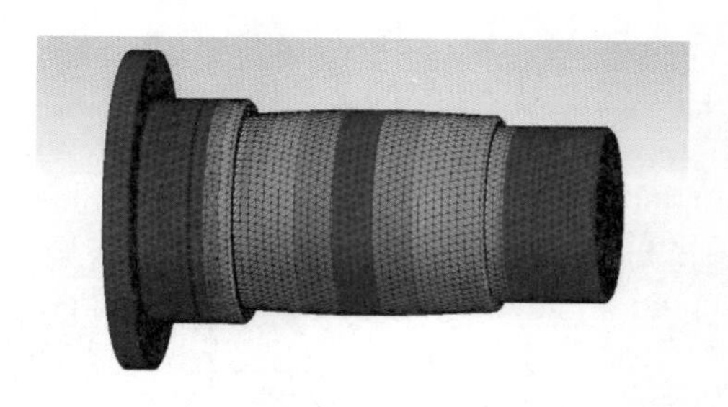

图 2.28　惰轮轴 ANSYS 等效应力云图

置在惰轮轴的轴径过渡交界处位置，在采煤机截割过程中，对惰轮轴的受力进行实时测量，可对截割工作进行监控。惰轮销轴应力感知位置如图 2.29 所示。图 2.29 中圆孔位置为贴应变计位置。

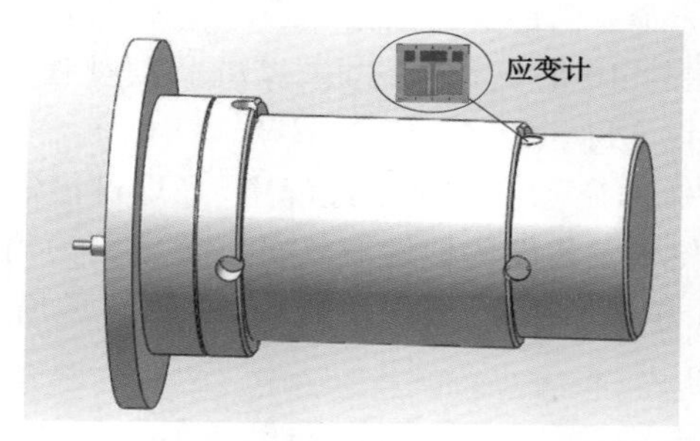

图 2.29　惰轮销轴应力感知位置图

图 2.30 为销轴传感器应变计接线原理图，其中 $R_{零}$ 为零点补偿电阻，$R_{温}$ 为温度补偿电阻，R_{12} 为输出阻抗调节电阻，R_8、R_9、R_{10}、R_{11} 为应变计，R_6、R_7 为弹簧片调节电阻，R_4、R_5 为弹性模量补偿电阻，R_2、R_3 为灵敏度调节电阻，R_1 为输入阻抗调节电阻，R'_8、R'_9、R'_{10}、R'_{11} 为导线补偿电阻。

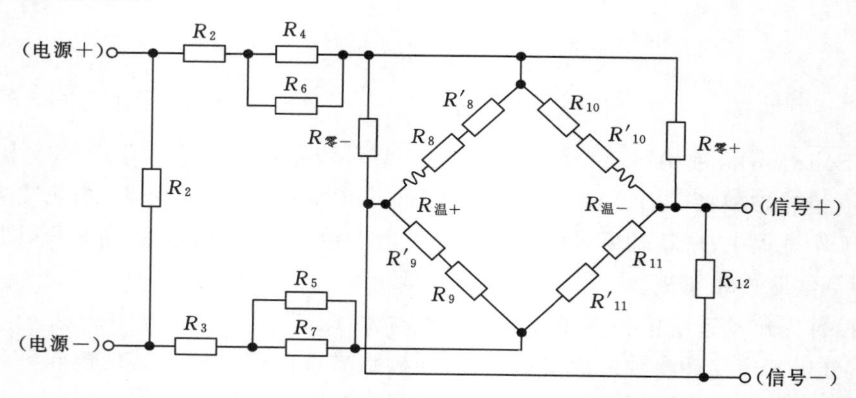

图 2.30　销轴传感器应变计接线原理图

惰轮轴是固定不发生旋转的，因此定制和惰轮轴外形一样并且满足强度等力学要求的销轴传感器，在惰轮轴法兰盘上留有传感器接口，便于惰轮销轴传感器安装。

2.2.3　摇臂连接销轴感知系统设计

摇臂耳板受力如图2.31所示。摇臂耳板受力的传递主要是通过耳板的连接销轴，摇臂与连接架耳板处的销轴主要受到两个方向的力，包括径向载荷力和轴向载荷力，如图2.32所示。销轴径向力由摇臂与链接架铰接处的销轴替换成的销轴传感器来进行测试。

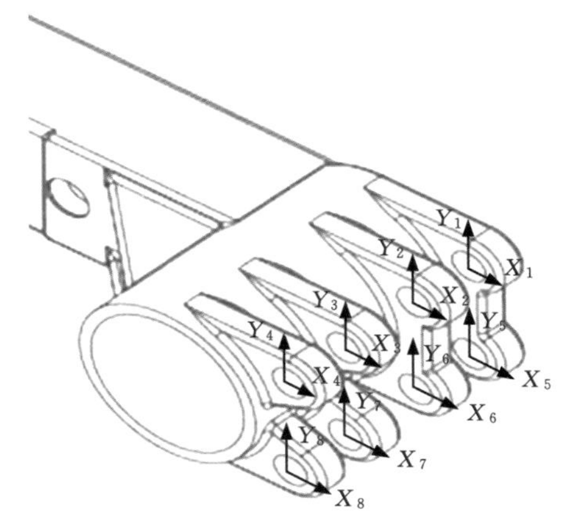

图2.31　采煤机摇臂耳板受力示意图

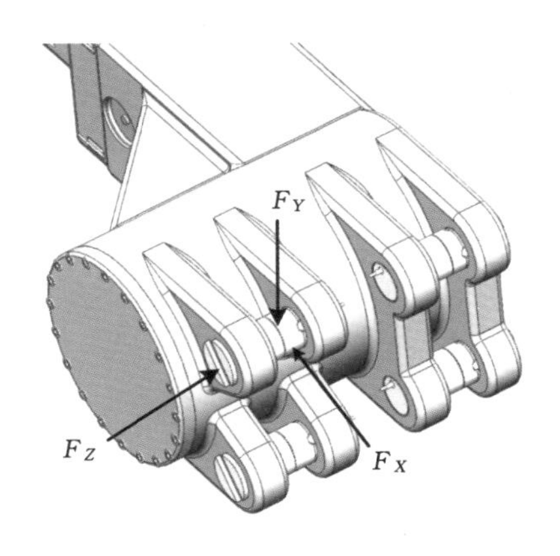

图2.32　采煤机摇臂与连接架连接销轴受力示意图

采煤机截割部摇臂和连接架通过销轴连接，连接架固定在机身，采用等效销轴传感器的方法，对采煤机实际工作时销轴的载荷进行测试，来研究采煤机连接架销轴的力学特性提供一定的理论依据，连接架、摇臂以及销轴摇臂与连接架铰接耳处的销轴主要受到两种力，包括径向（X和Y）和轴向载荷力（Z）。

摇臂和机身的连接是靠中间部件连接架进行连接的，连接耳处销轴主要承受轴向载荷F_Z和径向载荷F_X和F_Y，采煤机摇臂与连接架连接销轴受力示意图如图2.32所示。销轴受力为：$F_{轴}=\sqrt{F_X+F_Y+F_Z}$。采煤机连接架销轴受力简图如图2.33所示。

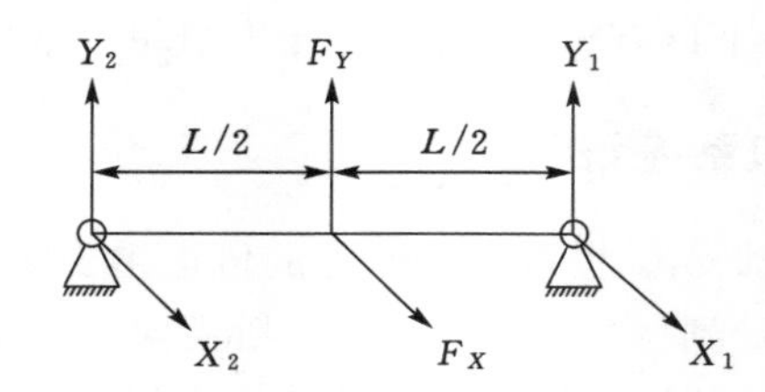

图 2.33　采煤机连接架销轴受力简图

通过 Solidworks 和 ANSYS 软件建立有限元模型对连接架销轴进行静力学分析。将 Solidworks 构建的销轴几何模型直接导入 workbench 中，采用 ANSYS 软件对网格进行自动划分，网格单元大小为 0.005 m，选取适当大小的网格，能够得到准确的结果；连接架销轴材料为 40CrNiMo，其密度 7.87×10^{-6} kg/mm³，泊松比为 0.3，弹性模量为 2 090 GPa；对构建好的连接架销轴有限元模型添加载荷和约束，以销轴一端面和连接架铰耳与销轴接触圆柱面为固定约束，在摇臂铰耳与销轴的接触圆柱面施加 X、Y、Z 三个方向的载荷，载荷适宜为 100 kN；载荷施加如图 2.33 所示施加载荷方向，利用 ANSYS 求解达到等效应力云图如图 2.34 所示。

由应力云图 2.34 可以直接看出图示位置的应力集中，所以本试验在摇臂铰耳和连接架铰耳的连接处安装应变计销轴，即替代的销轴传感器，获得测试数据，改造后的销轴传感器如图 2.35 所示，应变计位置为图中圆孔位置，数量 8 个。

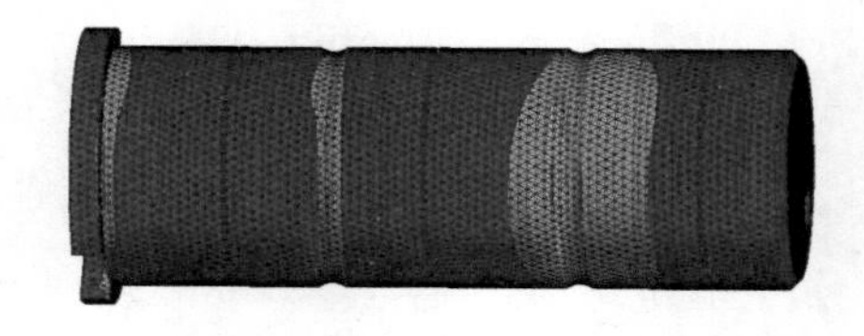

图 2.34　采煤机连接架销轴等效应力云图

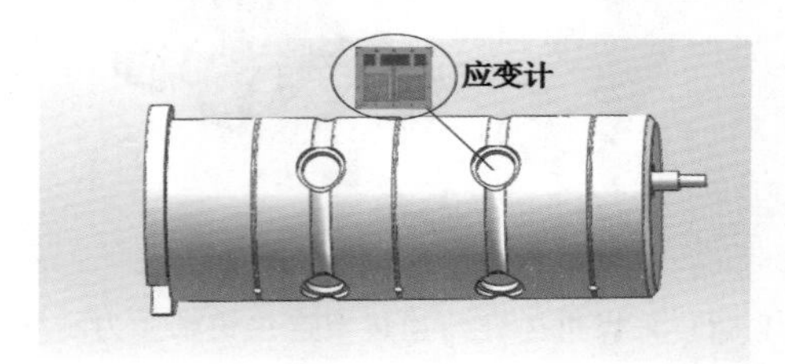

图 2.35　采煤机连接架销轴传感器三维图

图 2.35 中应变计分别放置于销轴传感器在一个圆周方向的四个安装槽中，由于在一个销轴中存在两个接触面的检测点，所以要有两套图 2.36 的电路才能完成完整的测试。其中：$R_{零}$ 为零点补偿电阻，$R_{温}$ 为温度补偿电阻，R_{12} 为输出阻抗调节电阻，R_8、R_9、R_{10}、R_{11} 为应变计，R_6、R_7 为弹簧片调节电阻 R_4、R_5 为弹性模量补偿电阻，R_2、R_3 为灵敏度调节电阻，R_1 为输入阻抗调节电阻，R'_8、R'_9、R'_{10}、R'_{11} 为导线补偿电阻，从摇臂铰耳销轴结构出发，将其内部装入应变计改造成销轴传感器，端部配合相应压力环传感器，建立起四根销轴动态

检测系统。

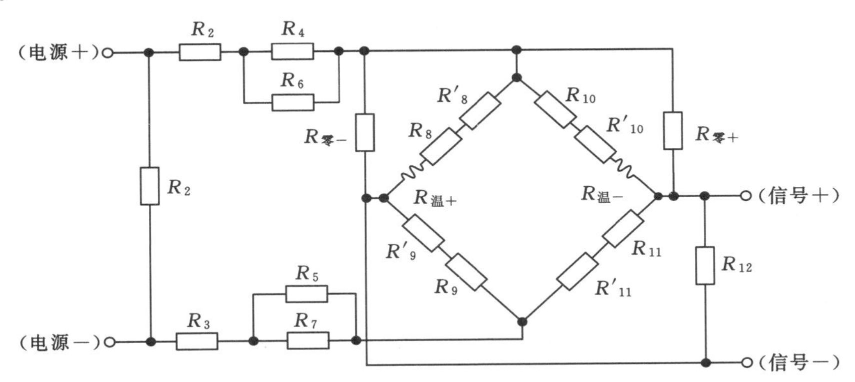

图 2.36　销轴传感器应变计接线原理图

2.2.4　摇臂变形感知系统设计

摇臂关键截面测试方案：摇臂关键截面应力测量是在摇臂较大的受力点布置应变计来测量摇臂关键截面的应力变化，采煤机摇臂的有限元模型，模拟实际截割受力，凸显应力集中和变化显著的部分，并以此为应变计的实际安装位置，测试结果易获得并且更加准确。采煤机摇臂通过 SolidWorks 软件建立三维模型，将摇臂模型导入 ANSYS workbench 中，材料选择按照实际使用材料设置，密度 7 800 g/mm^3，泊松比为 0.3，网格划分采用网格单元大小 0.01 m。有限元模型构建如图 2.37 所示。

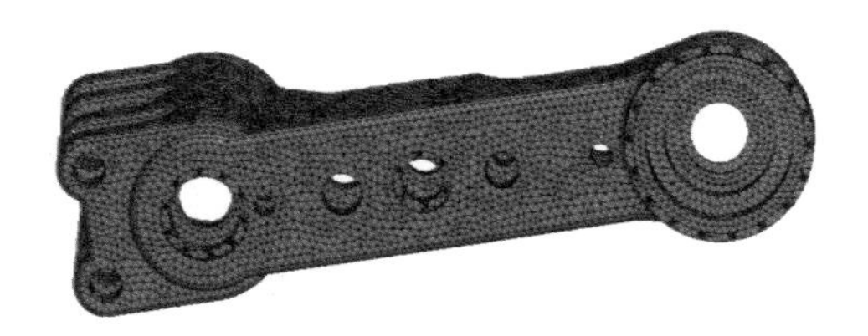

图 2.37　摇臂有限元网格划分模型图

给摇臂模型施加约束和载荷，考虑采煤机实际截割过程中，摇臂收到的载荷是来自切割煤岩的滚筒受到的反作用力 F，可以看作是施加在摇臂的三个分力，分别是施加在摇臂截割头部分的轴向载荷(F_Z)、切向的反作用载荷(F_Y)以及沿着摇臂主体的径向载载荷(F_X)，即 $F_{筒}=\sqrt{F_X+F_Y+F_Z}$，数值为 100 kN，所以施加的载荷如图 2.38 所示。

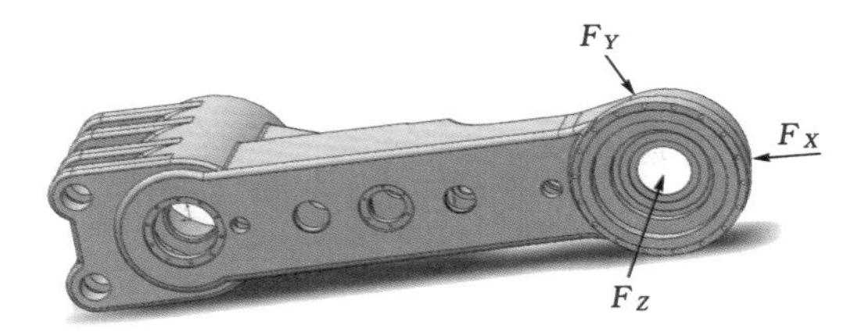

图 2.38　截割煤壁时滚筒载荷分解后施加摇臂受力图

摇臂铰支耳通过连接架销轴固定，故添加铰支耳两侧面固定约束，销轴孔固定约束。施加图 2.38 三向力通过 ANSYS 求解后处理，得到摇臂等效应力云图如 2.39 图所示。

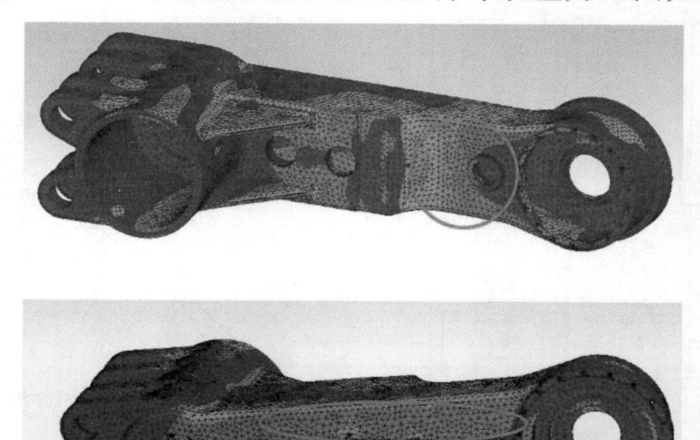

图 2.39　采煤机摇臂等效应力云图

由结果可以得到在图示位置应力较大，说明利用摇臂的应变量来感知滚筒载荷的大小是确实可行的，但因摇臂的体积较大，所以寻找一个能够对滚筒载荷敏感的传感器位置，还需要进行更为深入的研究，受本节内容篇幅的限制，应变传感器的具体安装位置，见第 3.3 节中详细分析内容。应变传感器的安装位置示意图如 2.40 所示。

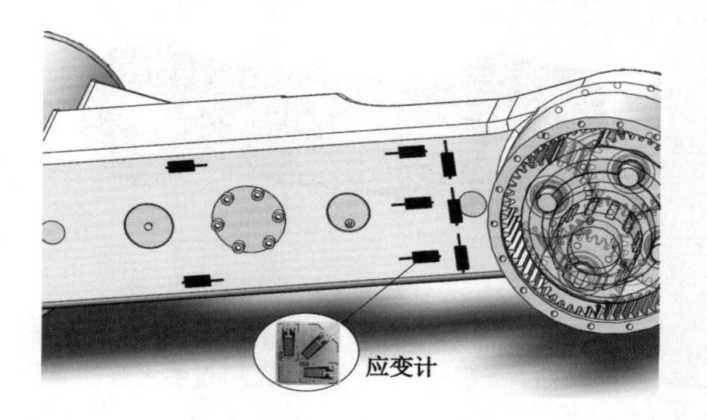

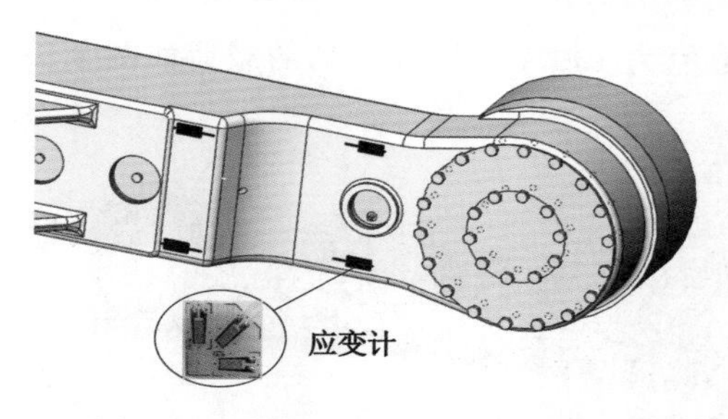

图 2.40　采煤机摇臂应变计粘贴位置图

在测试现场，确定摇臂关键截面处，采用焊接式应变计，每个应变计由 3 个焊接式应变计组成三片直角应变花，根据应变计粘贴的位置互相垂直的两个应变计可以互为补偿摇臂温度的影响，进行电焊安装并做防护处理；图 2.41 中 R_1、R_2 互相垂直的应变计，R_3 为 45°应变花，R'_1、R'_2、R'_3 为导线补偿电阻，图 2.41(a)图为互相垂直的两个应变计组成半桥电路接线方式，图 2.41(b)图为 45°应变花组成 1/4 桥的接线方式，接入无线应变采集模块。

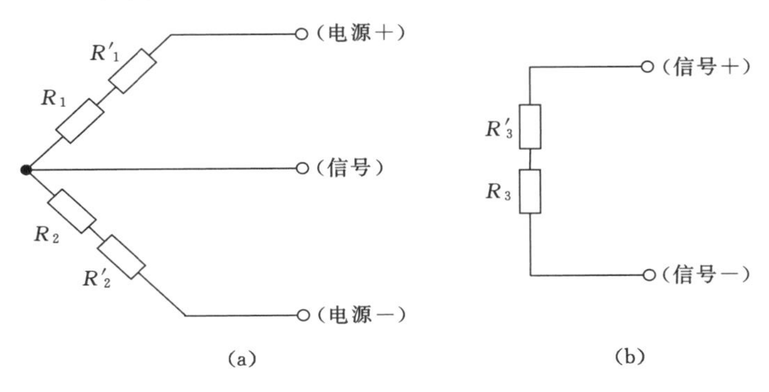

图 2.41　摇臂关键截面应变计接线原理图

2.3　多传感器数据采集与传输方案确定

2.3.1　通信方式确定

针对感知滚筒载荷的传感器数量相对较大，同时考虑各传感器位置复杂、形式多样的特点，主要可分为两种数据类型形式：第一种数据是设备本身已有的数据，比如采煤机截割电参数，行走速度、滚筒高度等参数，采煤机已经具备这些参数，我们通过数据传输接口模块与采煤机的进行通信接口对接，实现数据传输与接收，再通过无线通信的方式传输至数据终端；第二种数据是通过加装改进传感器和粘贴应变计的数据，通过考虑信号传输的特殊性，选择了具有多传感器同步采集功能的应变采集传输模块，采集模块采集后通过无线通信的方式或存储的方式对数据进行传输或存储。

根据采煤机的工作特点，对于采煤机机身测试的载荷数据采用无线通信方式。采用不同类型的数据采集模块进行数据采集，采集的数据传输采用无线通信协议进行数据传输，保证接口的一致性。

本文选用无线传感器技术实现信息数据采集和传输，无线传感器无线数据传输可采用 Zigbee、WiFi 和 433 MHz 无线技术，三种传输技术都属于短距离无线通信技术，并且他们都采用的 ISM 免执照频段频率实现数据传输，但它们分别具有不同的特点。

ZigBee 技术特点极低功率损耗、较高数据传输可靠性、有很强的抗干扰性，组网容易。通过中继器能方便地将网络覆盖很大范围。

WiFi 技术特点数据传输速率快，并且支持长期在线。缺点是功率损耗大、发热量高、可靠性及性能低。

433 MHz 技术使用 433 兆赫兹无线频段，由于无线通信波长相对较长，无线通信的绕射能力强、能够传播得更远。缺点是由于波长较长其发射频率低、传输速率低，无自己的传输协议，其网络安全可靠性不高。

采用无线信号传输方式，可使具体实施中避免了大工作量的通信线缆、管线、供电线路的铺设，根据现场实际使用情况，方便地调整安装的位置，采用一种电池供电方式，需要功率损耗较低等技术特点，通过综合考虑，采用了 ZigBee 的通信方式。

本文主要采用无线数据通信和存储卡实时存储两种方式实现数据采集，整个系统有三种工作模式，第一种可以对数据实时采集并上传到 PC 机中。第二种将数据完全存入采集模块中，模块自带 1G 内存，通过无线下载方式定期将数据传输至采集计算机。第三种数据可以同时存入模块和采集计算机中。通过无线方式上位采集计算机实现对数据采集模块参数设置和控制。采集频率 1～1 000 Hz 可选，当采用 500 Hz 时 1 GB 的存储空间 4 通道采集可以存储 50 h 以上，系统选用了北京必创公司生产的 SG404 无线应变节点满足系统数据采集和传输要求，系统考虑数据的实时性，选取采样速度为 200 次/秒。无线传感器采集传输模块如图 2.42 所示。

采集模块数据上传，通过无线通信转换器进行接收，通过网口将数据传送到 PC 机上。选用了北京必公司的无线通信转换器 BS922 如图 2.43 所示。该转换器满足数据接收、数据传输要求。

图 2.42　无线传感器采集传输模块

图 2.43　无线通信转换器

无线传感器采集传输模块与无线通信转换器、数据显示与处理计算机构成一组无线网络数据采集传输系统。其拓扑图如图 2.44 所示。

采煤机自身数据是通过 CAN 总线的方式直接传输至集控中心，所以在读取采煤机电参数是通过从集控中心集控盒中读取。

2.3.2　数据采集与传输可靠性

对于综采成套装备模拟试验平台数据采集系统，为了对同一对象的多参数采集需要大量的传感器对目标进行数据采集。因此，将大量传感器整合成网络结构。数据显示终端计算机与数据显示终端计算机有线连接的多个数据通信网关，多个数据通信网关的工作频率并不实现完全一致，且每个数据通信网关与多个采集节点无线连接。其中，数据显示终端计算机用于向数据通信网关下属的采集节点发送采集指令；采集节点根据接收到的指令进行数据采集，并将采集到的数据通过数据通信网关发送至数据显示终端计算机。本文中需要将三机工作时对各个采集点实现时间同步，保证每一组采集的数据都在统一的时间坐标下，

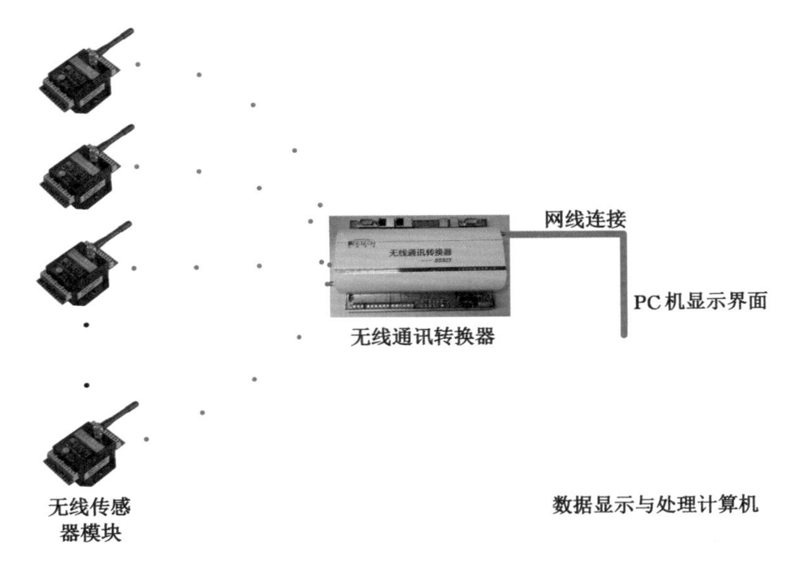

图 2.44　数据采集测试网络拓扑图

即实现不同工作频率下多网关及多传感器的同步采集。

综采成套装备模拟试验平台数据采集系统，需要工作时多传感器数据同时采集，保证所有数据在同一时间坐标下，同一时刻下的数据是由采集系统同时采集得到，这就要求数据采集系统要有统一的时间戳，即采集的数据都带有时间信息；数据传输方面要满足数据不丢包，上位机接收到的数据与采集数据模块存储数据一致，保证数据的真实性。由于本系统数据机械惯性系统，数据采集同步只需精确到毫秒级别即可，那么局部协作只需要部分节点进行时间同步，而全局协作则需要整网节点进行时间同步。事件的触发仅需要瞬时同步，而数据记录则需在一段时间内保持相同的时间。

时间同步是综采成套装备模拟试验平台数据采集系统重要组成部分，简单地说就是把采集数据时间对齐，使各数据在同一时刻具有相同的时间计量值。传感器节点通常需要协调共同完成一项复杂的传感任务。传感器节点将传感到的被测设备的位置、时间等信息发送给传感器网络中的主节点网关，网关再对不同传感器发来的数据进行处理后便可获得目标的移动方向、速度等信息。

数据同步采集主要是在通过采集模块采集数据的基础上，增加了数据采集的同时性，主要是针对安装在不同位置的采集节点进行数据同步采集提出的。一般情况下，数据采集主要研究的是采样精度和采样速度，但在数据的同步采集中，我们不但要研究数据采集的精度和采集的速度，同时更为重要的是研究采集数据的同时性。数据同步采集系统不仅能够同步的采集数据，还可以实时地、自动地对采集数据进行处理、存储、传输等功能，为数据的同步性、真实性、及时性、可用性提供了可靠的保证。

图 2.45 所示为无线传感器星型网络的结构示意图。时钟源向嵌入式中心网关输出的标准时间脉冲；嵌入式中心网关调整网关晶振的频率，使其与时钟源的标准时间脉冲频率相同；PC 终端通过利用网络时间协议向嵌入式中心网关的第一计时器进行绝对时间授时；嵌入式中心网关的第一计时器捕获网关晶振输出的标准时间脉冲，从而得到嵌入式中心网关

的相对时间授时;对于网络内所有的嵌入式中心网关,由于将网关晶振的频率调节成与时钟源的标准时间脉冲频率一致。因此,对于每个嵌入式中心网关的第一计时器而言,其相对时间是相同的。

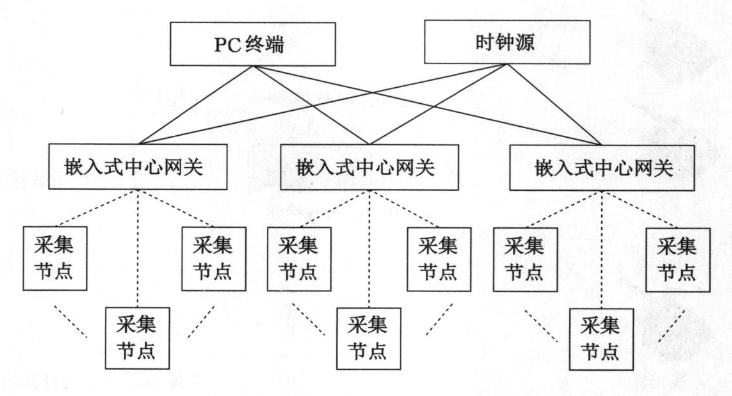

图 2.45　无线传感器星型网络的结构示意图

数据传输的可靠性主要考虑以下两点:

(1) 保证通信信道可靠,从降低信噪比,提高传输功率方面考虑;

(2) 从工作原理机制考虑,采集节点实现实时存储,数据传输过程中采用数据重传机制,即 AMD 丢点补点法。

数据采集系统考虑同步数据采集,采用统一的无线数据传输方式,然而在统一的无线传输方式中,特别在综采成套装备设备工作中,强电磁干扰的恶劣环境下,无线传感器网络易受现场环境、衰减、多径、盲区以及节点性能等不利因素影响,数据传输时容易产生错误和丢包,数据可靠传输得不到保障。因此,现场数据采集和传输工作能够正常有效进行,使数据由源节点可靠地传输到目的节点,设计相应数据可靠传输策略,对提高传感器网络数据可靠传输具有重要理论意义和实用价值。

2.4　本章小结

构建了采煤机摇臂滚筒载荷传动模型,根据采煤机截割部的实际结构和滚筒的工作特点,制定了基于截齿载荷、滚筒扭矩、摇臂连接销轴载荷、摇臂变形传感器融合的采煤机滚筒载荷感知系统总体方案,通过三维建模与有限元仿真方法,对各传感器进行了设计,得到:在采煤机滚筒布置 9 个截齿载荷传感器实现滚筒截割载荷感知,在摇臂布置惰轮轴传感器实现滚筒截割扭矩感知,在摇臂壳体粘贴应变测试传感器和摇臂连接轴传感器实现滚筒截割载荷的间接感知,搭建的多传感器信号有线/无线混合传输框架与协议,实现了多参量数据的同步实时传输。

第 3 章　面向滚筒载荷感知的摇臂应变和齿轮轴敏感位置分析

3.1　采煤机截割部结构与参数分析

采煤机截割部由摇臂和内部齿轮传动系统组成。采煤机传动系统由电动机、齿轮 1 至齿轮 9 和行星齿轮减速器组成。采煤机截割部传动系统结构如图 3.1 所示。从 1 号电机轴输出齿轮 13 到齿轮 9，其总传动比为 51.5∶1。其中，行星轮系的传动比为 6∶1，直齿齿轮传动系统的传动比为 8.58∶1。

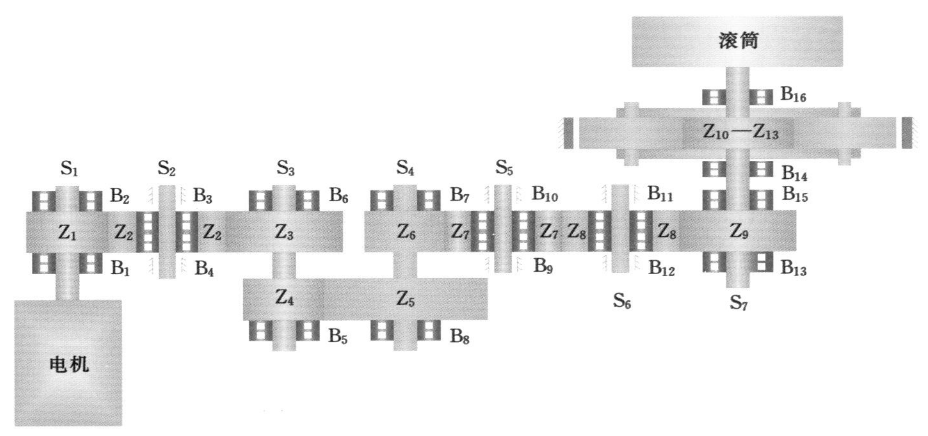

图 3.1　采煤机截割部传动系统结构

在采煤机截割部传动系统中，从截割电机到滚筒行星减速器，共有 9 个齿轮系（均为直齿轮）。选用的采煤机截割部传动系统中的直齿齿轮传动部分的各齿轮尺寸参数如表 3.1 所示。

表 3.1　直齿齿轮传动部分各齿轮尺寸参数

齿轮	齿数	模数 /mm	节圆直径 /mm	分度圆直径 /mm	齿根圆直径 /mm	齿顶圆直径 /mm	齿宽 /mm
Z_1	35	4	140	140	130	148	70
Z_2	60	4	240	240	230	248	70
Z_3	63	4	252	252	242	260	70

表 3.1(续)

齿轮	齿数	模数/mm	节圆直径/mm	分度圆直径/mm	齿根圆直径/mm	齿顶圆直径/mm	齿宽/mm
Z_4	32	5	160	160	147.5	170	80
Z_5	73	5	365	365	352.5	375	80
Z_6	33	6	198	198	183	210	110
Z_7	60	6	360	360	345	372	110
Z_8	60	6	360	360	345	372	110
Z_9	69	6	414	414	399	426	110

在采煤机截割部传动系统中主要有 4 个行星齿轮。采煤机截割部传动系统中直齿齿轮传动部分行星轮系各齿轮基本参数如表 3.2 所示。

表 3.2　传动部分行星轮系各齿轮基本参数

基本参数	太阳轮	行星轮	内齿圈
齿数	14	25	70
模数/mm	10	10	10
齿宽/mm	190	190	190

(1) 截割电机参数

MG500/1130-WD 型电牵引采煤机截割部电机型号为 YBCS-500。该电机额定转速为 1 450 r/min。

(2) 截割滚筒振动频率

截割滚筒旋转振动频率计算公式如下：

$$f_d = n_d/60 \tag{3.1}$$

式中，n_d为截割滚筒转速，r/min。

该截割滚筒转速为 28 r/min，即截割滚筒旋转振动频率为 0.467 Hz。

3.2　采煤机摇臂刚柔耦合模型建立与仿真

3.2.1　仿真模型建立

将采煤机摇臂壳体三维实体模型另存 Parasolid 格式文件，以导入 ANSYS 软件。定义采煤机摇臂壳体三维模型单元类型为 MASS21 和 SOLID185。设置摇臂壳体材料属性。摇臂壳体材料的弹性模量为 2.01×10^5 MPa，其泊松比为 0.29，其密度为 7 880 kg/m^3。在柔性体与刚性体连接位置的转动中心建立节点。对摇臂壳体划分网格后，建立连接点和刚性域，生成所需模态中性文件(MNF 文件)，如图 3.2 所示。该摇臂柔性体包含节点 85 432 个，包含单元 457 268 个。各刚性点坐标值统计如表 3.3 所示。

图 3.2　采煤机摇臂壳体 MNF 文件

表 3.3　刚性点坐标值统计

点序号	X	Y	Z	Node 编号	点序号	X	Y	Z	Node 编号
88881	−0.788	−0.38	0.814	26800	88888	0.86	0	0.772	26807
88882	−0.607	0.191	0.767 5	26801	88889	1.175	0	0.848 5	26808
88883	−0.607	0.191	0.076 5	26802	88890	1.567	0	0.862 5	26809
88884	0	0	0.36	26803	88891	1.928	−0.298	0.831 5	26810
88885	0	0	0.868	26804	88892	1.928	−0.298	0.977	26811
88886	0.238	0	0.882	26805	88893	1.928	−0.298	1.072	26812
88887	0.544	0	0.78	26806					

首先，把计算出采煤机摇臂壳体的模态中性文件导出。然后，把这些模态中性文件导入 ADAMS/View 中，以替换原有摇臂壳体刚性体模型。在该模型中未考虑齿轮轴上轴承对截割部动力学的影响。柔性摇臂替换刚性摇臂后，所施加的约束存在失效情况。因此需要检查刚柔替换过程中运动副的继承情况。根据实际运动关系，对运动副施加或删除相应约束，以确保运动和载荷在刚性体零件和柔性体零件间可以正常传承。采煤机摇臂刚柔耦合模型如图 3.3 所示。

图 3.3　采煤机摇臂刚柔耦合模型

3.2.2　仿真参数设置

（1）施加约束

根据采煤机截割部系统各构件之间实际运动关系施加相应约束才能够进一步完善刚柔耦合系统动力学计算模型。该模型忽略轴承的影响。采煤机截割部系统各构件间施加 30 个约束。其具体统计如表 3.4 所示。

表 3.4 各构件间约束统计

序号	零件名称	运动副	相连零件	序号	零件名称	运动副	相连零件
JOINT_1	摇臂下耳	旋转副	ground	JOINT_16	Endcover2	固定副	Z_9
JOINT_2	摇臂上耳 1	旋转副	ground	JOINT_17	Bearing1	固定副	Z_9
JOINT_3	摇臂上耳 2	旋转副	ground	JOINT_18	Bearing2	固定副	Z_9
JOINT_4	摇臂柔性体	固定副	Motor	JOINT_19	Bearing3	固定副	Planet carrier
JOINT_5	Endcover1	固定副	Motor	JOINT_20	Z_{10}T	旋转副	ground
JOINT_6	Z_1	旋转副	摇臂柔性体	JOINT_21	Z_{10}T	固定副	Z_9
JOINT_7	Z_2	旋转副	摇臂柔性体	JOINT_22	Endcover5	固定副	Joint sleeve
JOINT_8	Z_3Z_4	旋转副	摇臂柔性体	JOINT_23	Joint sleeve	固定副	Z_{15}
JOINT_9	Z_5Z_6	旋转副	摇臂柔性体	JOINT_24	Bearing4	固定副	Planet carrier
JOINT_10	Z_7	旋转副	摇臂柔性体	JOINT_25	Endcover6	固定副	Planet carrier
JOINT_11	Z_8	旋转副	摇臂柔性体	JOINT_26	Z_{13}	旋转副	Planet carrier
JOINT_12	Z_9	旋转副	摇臂柔性体	JOINT_27	Z_{11}	旋转副	Planet carrier
JOINT_13	Planet carrier	旋转副	摇臂柔性体	JOINT_28	Z_{12}	旋转副	Planet carrier
JOINT_14	Z_{15}	固定副	摇臂柔性体	JOINT_29	Z_{14}	旋转副	Planet carrier
JOINT_15	Endcover2	固定副	Endcover3	JOINT_30	Endcover6	固定副	Cutting drum

(2) 施加驱动

采煤机摇臂齿轮传动系统靠截割电机输出轴旋转提供驱动。MG500/1130-WD 型电牵引采煤机截割部电机型号为 YBCS-500。其额定转速为 1 450 r/min。若转换采用度数制，则其额定转速为8 700(°)/s。将此驱动施加于电机输出轴齿轮 Z_1 与摇臂柔性体间的旋转副 JOINT_6 上。为防止因突然施加的速度对齿轮接触力产生影响导致仿真失败，利用 step 函数使电机在0.1 s内匀速增大到额定转速。step 函数形式为 step(time,0,0 d,0.1,−8 700 d)。

(3) 施加载荷

采煤机滚筒工作过程中的载荷主要来自截齿的截割载荷。在同一时刻，所有截齿载荷的合力就是滚筒的工作载荷。在实际工作过程中，由于只有采煤机行走方向前方的截齿参与煤岩截割，所以在同一时刻工作的截齿数量为全部截齿数量的一半。

① 三向截割载荷及三向截割阻力矩的施加

根据离散元仿真所得结果，将三向截割载荷及三向截割阻力矩仿真结果保存为.txt 文件后，将这些文件导入 ADAMS/View 中，以样条函数 akispl 形式将截割载荷施加于截割滚筒质心处。

② 传动系统接触力的施加

受齿轮传动系统安装间隙的影响，采煤机摇臂内各传动齿轮在啮合过程中会受到一定的冲击载荷。在 ADAMS 中采用碰撞函数的接触算法来计算齿轮间的接触力。碰撞函数表达式，如式(3.2)所示。

$$\text{Impact}=\begin{cases}0 & q>q_0\\ k(q_0-q)^e-c_{\max}(\mathrm{d}q/\mathrm{d}t)\,\text{step}(q,q_0-d,q_0,0) & q\leqslant q_0\end{cases}\tag{3.2}$$

式中，k 为接触刚度，N/mm；q_0 为两物体间初始距离，mm；q 为两物体间实际距离，mm；e 为碰撞指数；c_{max} 为最大阻尼系数；dq/dt 为两物体间相对速度，mm/s；d 为切入深度，mm。

依据相关计算结果，设置传动系统接触力参数如下：接触刚度为 $7.885\ 3\times10^5$ N/mm，力指数为 1.5 N，阻尼系数为 788.53 N/(mm · s^{-1})，切入深度为 1.0×10^{-5} mm。

③ 重力施加

把重力以重力加速度形式，施加在 ADAMS/View 主界面全局坐标系 Y 轴负方向上。

3.2.3　刚柔耦合模型准确性验证

为验证刚柔耦合模型准确性，将空载下行星架角速度与理论计算角速度做对比。图 3.4 所示为空载行星架角速度曲线。由于阶跃驱动，行星架角速度从 0(°)/s 开始呈非平稳上升趋势。当行星架角速度达到最大值后，其角速度受齿轮啮合影响呈平稳周期性波动，其最大值为 173.3(°)/s，其最小值为 165.2(°)/s。采煤机滚筒理论转速为 28 r/min[即 168(°)/s]，而行星架角速度误差范围为 1.7%～3.2%，这可以验证刚柔耦合模型准确性。

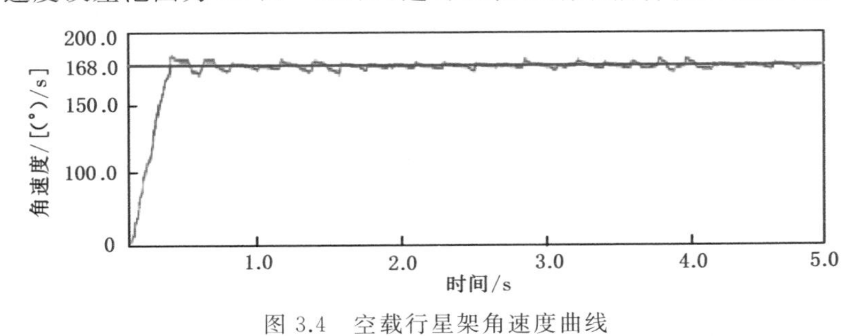

图 3.4　空载行星架角速度曲线

3.3　采煤机摇臂应变特性分析与应变计粘贴位置确定

3.3.1　采煤机摇臂位移模态分析

现场资料表明，采煤机摇臂摆角为正值时(即上切顶煤工况时)比采煤机摇臂摆角为负值时(即下切底煤工况时)更易发生应力应变集中而造成摇臂损伤。因此，结合现场试验条件，利用ANSYS软件对采煤机摇臂最大摆角(35°)工况进行模态分析。

对建立的采煤机摇臂壳体有限元模型进行约束，约束摇臂铰接耳板处耦合点 U_X、U_Y、U_Z、U_{RX}、U_{RY} 五个自由度，即绕 Z 轴旋转自由。采用分块法对左截割部摇臂壳体进行模态分析。摇臂壳体 16 阶模态信息统计如表 3.5 所示。

表 3.5　摇臂壳体 16 阶固有频率统计

阶数	1	2	3	4	5	6	7	8
频率/Hz	0.000 3	64.312	183.8	190.44	219.29	370.38	520.02	569.09
阶数	9	10	11	12	13	14	15	16
频率/Hz	648.36	651.53	803.57	909.12	1025.5	1067.1	1 098.1	1 185.1

除了1阶固有频率外，摇臂壳体前16阶固有频率均大于50 Hz。这有利于抑制在采煤机工作过程中，摇臂壳体因低频载荷产生的振动损坏。根据采煤机截割部振动激励源分析可知，电机旋转频率24.2 Hz、截割滚筒旋转频率0.467 Hz，以及截割载荷的优势频率0～15 Hz和截割阻力矩的优势频率0～26 Hz均远离摇臂壳体固有频率，不会引起摇臂壳体产生较大振动。传动系统的振动频率与摇臂壳体1阶、3阶、5阶、6阶固有频率较为接近。与1阶、3阶、5阶、6阶模态振型相比，其他阶数模态振型更易激发。采煤机摇臂1/3/5/6阶位移模态振型如图3.5所示。7～16阶模态多为截割电机腔体处振动，在此不一一列出。

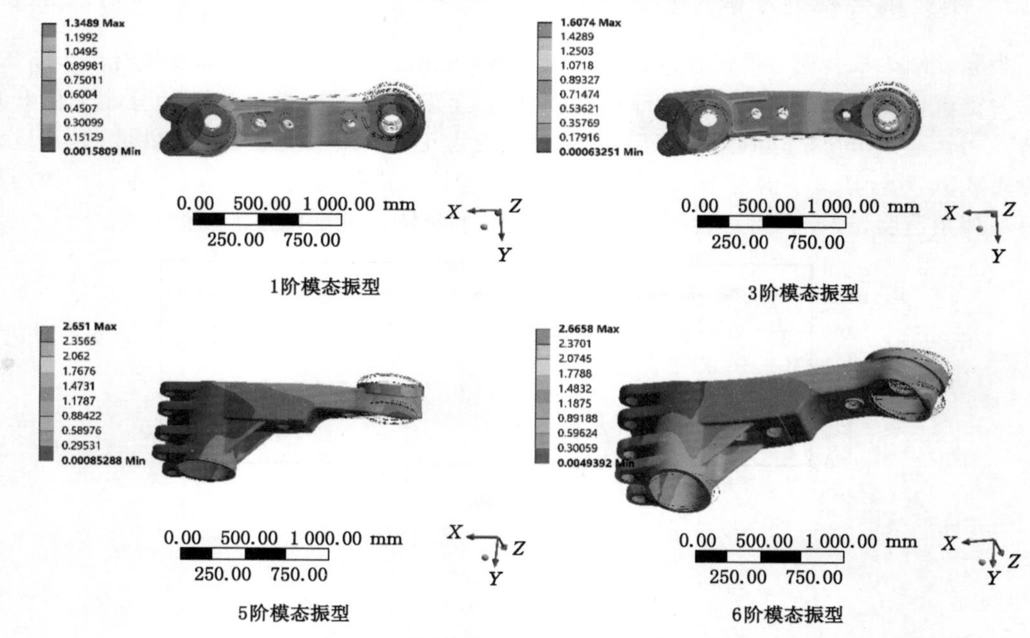

图3.5 采煤机摇臂1/3/5/6阶位移模态振型

通过分析可知：采煤机摇臂1阶模态振型为弯曲振型，壳体在ZX平面横向摆动，其位移模态幅值最大发生位置在六轴组件至行星头处。采煤机摇臂3阶模态振型为扭转振型，壳体在XY平面内沿壳体纵向伸缩并沿Y轴方向摆动，其位移模态幅值最大发生位置位于摇臂行星头处。采煤机摇臂5阶模态振型为弯曲振型，壳体在XY平面内沿Y轴方向摆动，其位移模态幅值最大发生位置在摇臂中部截割电机安装腔体与传动系统二轴组件及三轴组件交界处附近。采煤机摇臂6阶模态振型为扭转振型，摇臂整体绕X轴扭动，其位移模态幅值最大发生位置位于传动系统四轴组件和五轴组件处。另外，截割电机安装腔体处的位移模态幅值较大。

结合位移模态分析结果和现场试验测试结果，对采煤机摇臂应变模态进行分析。采煤机摇臂1阶应变模态的应变分布如图3.6所示。

对于采煤机摇臂1阶应变模态应变分布，各轴组件与壳体相连接的轴承座孔附近单元存在较大的应变，位于摇臂弯曲靠近行星头处与摇臂铰接耳板处同样存在相对较大的应变。此外，对比图3.6中X方向应变模态与Y方向应变模态可知，X方向各应变幅值区间均大于Y方向各应变幅值区间，即1阶模态振动采煤机摇臂受X方向载荷的影响大于受Y方向

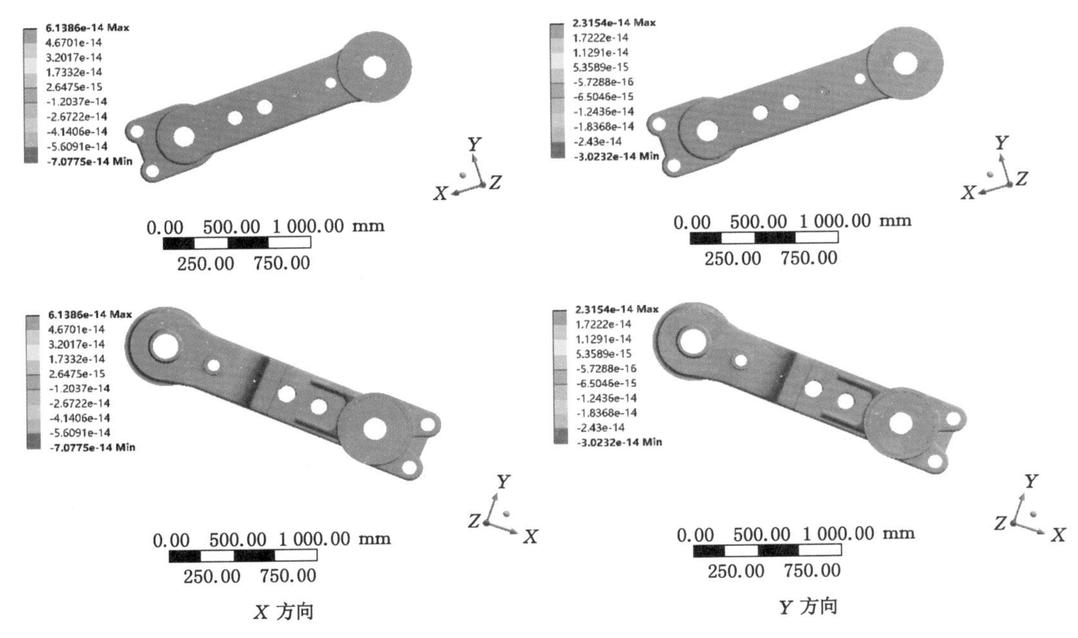

图 3.6　采煤机摇臂 1 阶应变模态的应变分布

载荷的影响。

各个节点应变值存在正负，即不同位置承受拉伸载荷或压缩载荷。对比各节点应变值，其中 64848 号节点为 X 方向拉应变最大位置，其应变值为 255.079 $\mu\varepsilon$，位于煤壁侧六轴组件轴承座孔附近；64010 号节点为 X 方向压应变最大位置，其应变值为 -270.958 $\mu\varepsilon$，位于采空侧六轴组件轴承座孔附近；55248 号节点为 Y 方向拉应变最大位置，其应变值为 161.443 $\mu\varepsilon$，位于采空侧行星头附近；55779 号节点为 Y 方向压应变最大位置，其应变值为 -132.521 $\mu\varepsilon$，位于采空侧行星头附近。

图 3.7 所示为采煤机摇臂 3 阶应变模态应变分布。电机腔体、铰接耳板以及行星头附近单元存在较大的应变，在 X 方向位于五轴组件轴承座孔附近处存在相对较大的应变，在 Y 方向三轴组件与四轴组件轴承座孔附近存在较大应变。对比图 3.7 中 X 方向应变模态与 Y 方向应变模态可知，X 方向各应变幅值的正区间与 Y 方向各应变幅值的正区间相差不大，但其负区间远大于 Y 方向各应变幅值负区间，即 3 阶模态振动采煤机摇臂承受 X、Y 方向的拉伸载荷影响基本相同，但受 X 方向的压缩载荷影响大于受 Y 方向的压缩载荷影响。

对比采煤机摇臂 3 阶应变模态所有节点应变值，其中，55781 号节点为 X 方向拉应变最大位置，其应变值为 522.053 $\mu\varepsilon$；55779 号节点为 X 方向压应变最大位置，其应变值为 -835.569 $\mu\varepsilon$，同时该节点为 Y 方向拉应变最大位置，其应变值为 411.512 $\mu\varepsilon$；55698 号节点为 Y 方向压应变最大位置，其应变值为 -166.404 $\mu\varepsilon$。以上各点均位于采空侧行星头附近。

图 3.8 所示为采煤机摇臂 5 阶应变模态应变分布。X 方向应变模态在铰接耳板及六轴组件与行星头交界附近单元处出现最大值，同时三轴组件与四轴组件轴承座孔上下方单元存在较大的应变且符号相反；Y 方向应变模态除上述位置外，在一轴组件轴承座孔及五轴组件轴承座孔附近单元也存在较大应变。对比图 3.8 中 X 方向应变模态与 Y 方向应变模态

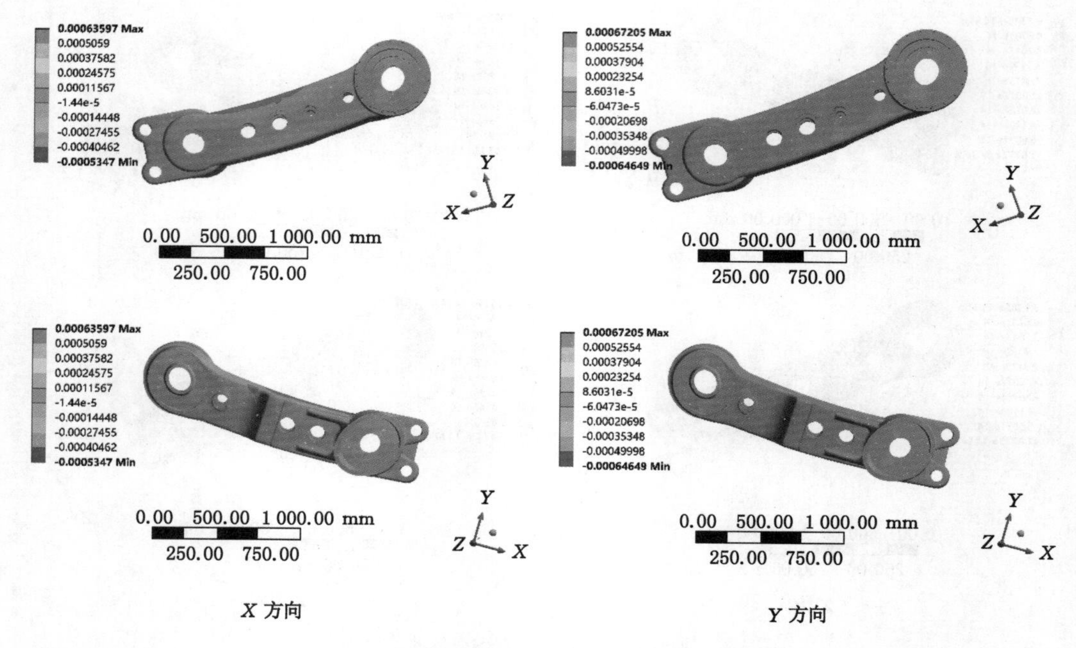

图 3.7　采煤机摇臂 3 阶应变模态的应变分布

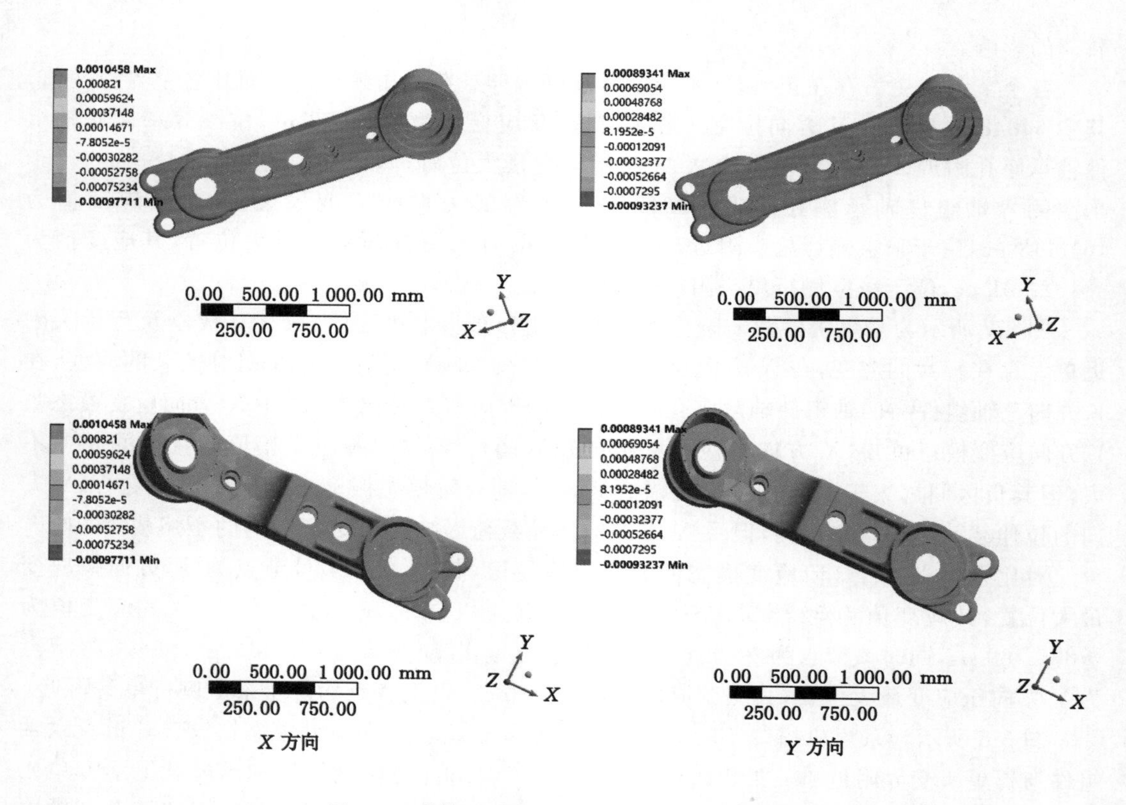

图 3.8　采煤机摇臂 5 阶应变模态的应变分布

可知，两者各应变幅值区间相差不大，X 方向位于摇臂壳体下方存在相对较大的拉应变，上方为压应变，Y 方向则与之相反。

对比各节点应变值，其中 55779 号节点为 X 方向拉应变最大位置，应变值为 862.916 $\mu\varepsilon$，位于采空侧行星头附近；60406 号节点为 X 方向压应变最大位置，其应变值为 -120.433 $\mu\varepsilon$，位于煤壁侧铰接耳板铰接孔附近；58932 号节点为 Y 方向拉应变最大位置，其应变值为 107.064 $\mu\varepsilon$，位于煤壁侧一轴组件轴承座孔附近；55779 号节点为 Y 方向压应变最大位置，其应变值为 -127.197 $\mu\varepsilon$，位于采空侧行星头附近。

图 3.9 所示为采煤机摇臂 6 阶应变模态应变分布。在三轴组件、五轴组件和六轴组件的轴承座孔附近单元存在较大的应变，另外位于耳板铰接孔附近处同样存在相对较大的应变。对比图 3.8 中 X 方向应变模态与 Y 方向应变模态可知，X 方向各应变幅值的正区间与 Y 方向各应变幅值正区间相差不大，但其负区间远大于 Y 方向各应变幅值负区间，即 6 阶模态振动采煤机摇臂承受 X、Y 方向的拉伸载荷影响基本相同，但受 X 方向的压缩载荷影响大于受 Y 方向压缩载荷影响。

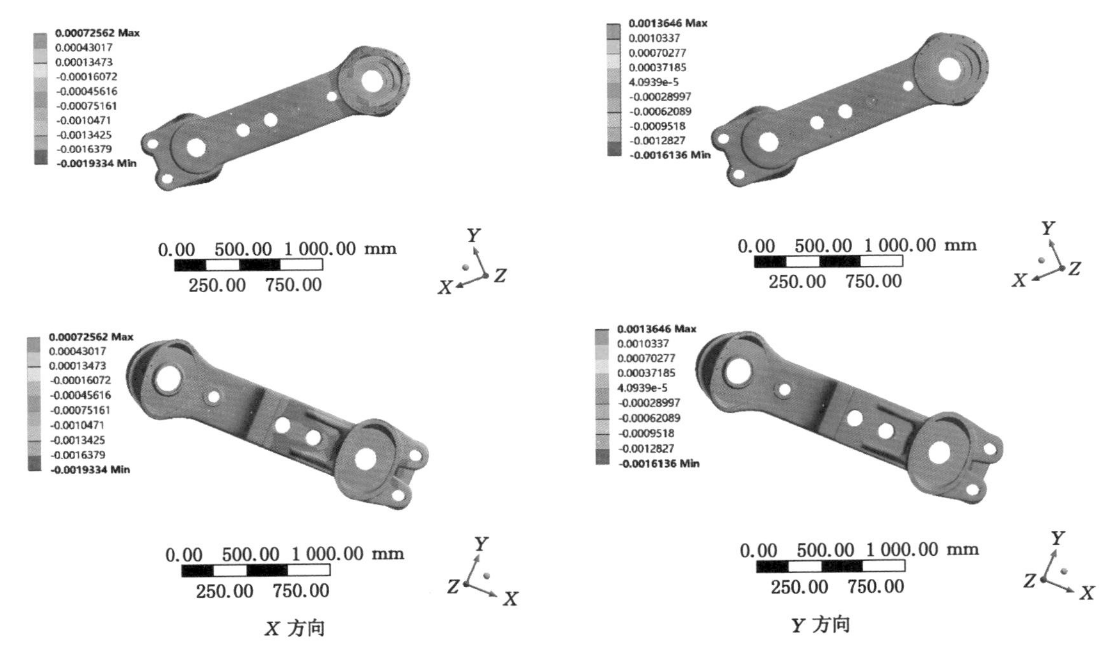

图 3.9　采煤机摇臂 6 阶应变模态的应变分布

对比 6 阶应变模态各节点应变值，其中 58943 号节点为 X 方向拉应变最大位置，应变值为 1 573.95 $\mu\varepsilon$，位于煤壁侧一轴组件轴承座孔附近；64848 号节点为 X 方向压应变最大位置，其应变值为 -1 617.55 $\mu\varepsilon$，位于煤壁侧六轴组件轴承座孔附近；58939 号节点为 Y 方向拉应变最大位置，其应变值为 1 440.77 $\mu\varepsilon$，位于煤壁侧一轴组件轴承座孔附近；55248 号节点为 Y 方向压应变最大位置，其应变值为 -938.33 $\mu\varepsilon$，位于采空侧行星头附近。

综合比较各阶应变模态 X 方向与 Y 方向应变分布，各阶模态振动过程中采煤机摇臂主要承受压缩载荷作用，各轴组件轴承座孔附近及摇臂行星头附近易产生应力应变集中，该结果符合采煤机实际工作过程中摇臂受力状态；各阶应变模态下 X 方向和 Y 方向应变幅值最大节点在各阶模态振动中承受相对最大的拉压载荷，在试验监测过程中需要注意。

3.3.2 采煤机摇臂瞬态动力学分析

根据采煤机摇臂壳体有限元模型，重新设置其约束条件与分析类型，采用 Full 法对其进行瞬态动力学分析。共有两个分析步，第一个分析步为摇臂壳体在自重下的准静态分析，终止时间设置为 1 s；第二个分析步为在第一个自重预应力下对各耦合点施加由刚柔耦合动力学仿真得到的摇臂壳体外载荷的瞬态动力学分析，终止时间设置为 5.95 s(计算时间 4.95 s)。

图 3.10 为采煤机摇臂等效应力与等效位移最大值随时间变化曲线图。两者变化规律基本相同，且与摇臂负载变化趋势相似，符合工程实际。最大等效应力峰值出现于 4.663 s，该时刻等效应力云图如图 3.11(a)所示。五轴组件和六轴组件轴承座孔附近发生应力集中，最大等效应力所在节点编号为 55779，位于采空侧行星头附近，等效应力最大值为 397.695 MPa。最大等效位移峰值出现时刻与最大等效应力峰值出现时刻相同，该时刻等效位移云图如图 3.11(b)所示。最大位移发生于六轴组件至行星头范围，其最大值为 1.366 mm。

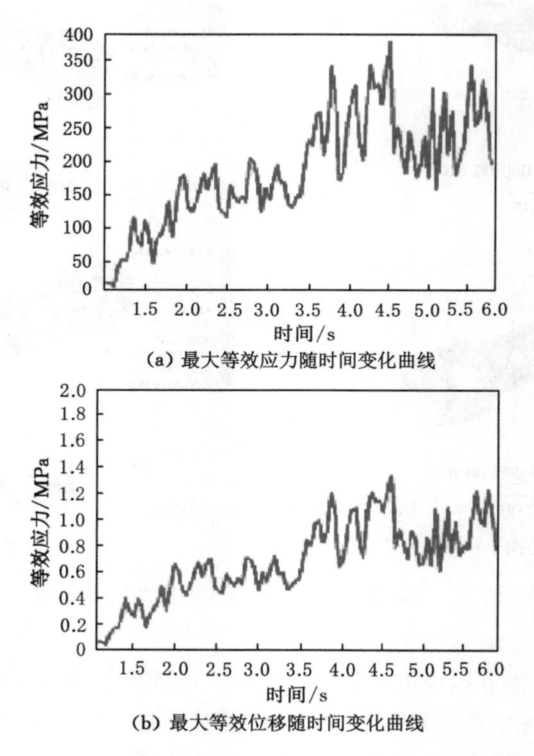

(a) 最大等效应力随时间变化曲线

(b) 最大等效位移随时间变化曲线

图 3.10 采煤机摇臂等效应力与等效位移最大值随时间变化曲线

在对摇臂施加载荷时，摇臂壳体振动产生形变，参照应变模态分析方法，对整个仿真中最危险时刻对应子步(第二分析步的第 74 子步)进行分析，得到该子步的应变分布图，如图 3.12 所示。

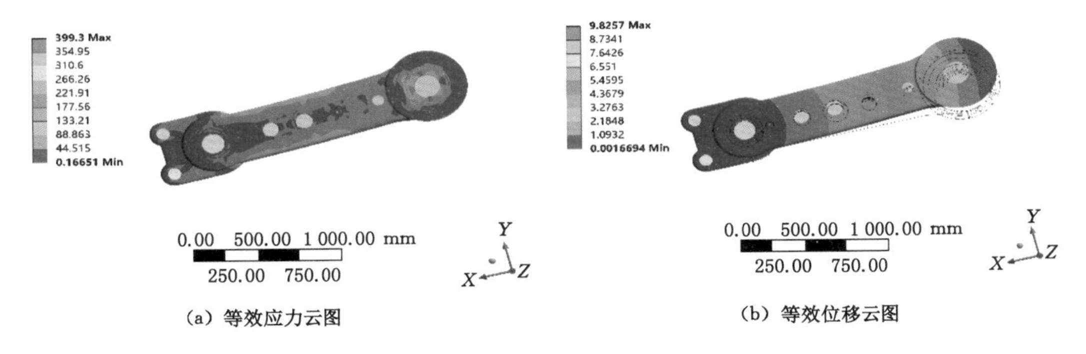

(a) 等效应力云图　　(b) 等效位移云图

图 3.11　采煤机摇臂等效应力云图与等效位移云图

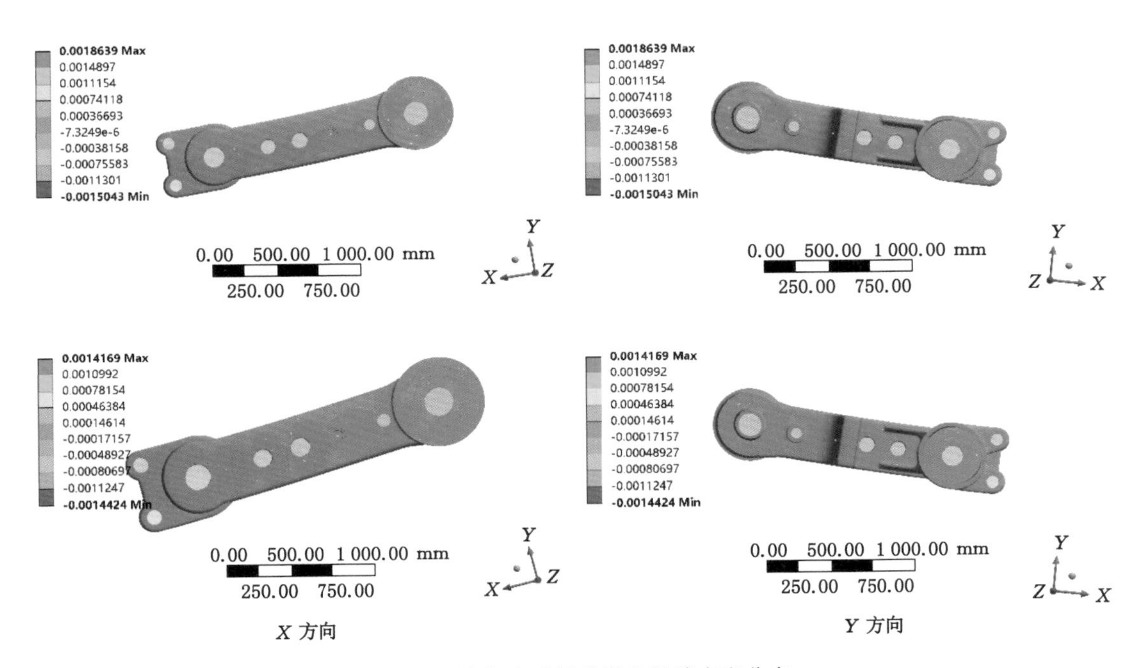

X 方向　　Y 方向

图 3.12　最危险时刻采煤机摇臂应变分布

由图 3.12 可知，最危险时刻采煤机摇臂 X 方向与 Y 方向均在轴承座孔及其与行星头相连部位附近出现较大的应变，两者应变幅值主要为负值且 X 方向各幅值区间大于 Y 方向各幅值区间。采煤机摇臂整体受压缩载荷作用且受 X 方向载荷影响大于受 Y 方向载荷影响。该结果与应变模态分析所得结论基本一致。

对比最危险时刻采煤机摇臂各单元应变值，55779 号节点为 X 方向拉应变最大位置，其应变值为 1 408.66 $\mu\varepsilon$，该节点同样为 Y 方向压应变最大位置，其应变值为 -1 290.3 $\mu\varepsilon$；55709 号节点为 X 方向压应变最大位置，其应变值为 -801.07 $\mu\varepsilon$，上述 2 个节点均位于采空侧行星头附近；54767 号节点为 Y 方向拉应变最大位置，其应变值为 513.41 $\mu\varepsilon$，位于煤壁侧六轴组件轴承座孔附近。

3.3.3 采煤机摇臂应变传感器布置优化

(1) 应变传感器布置优化

监测点的初步选取对传感器布置优化至关重要。传感器初选点位的优劣直接影响传感器布置优化的结果。根据前面采煤机摇臂应变模态分析与瞬态动力学分析可知,摇臂在各轴组件轴承座孔附近及摇臂行星头附近易产生应力应变集中,但行星头附近由于结构不易满足实际测量需要,所以监测点初步选取在各轴组件轴承座孔附近。综合应变分析结果,去除不适合安装传感器的位置后,在各轴承座孔附近初选应变较大的监测点位置如图 3.13 所示。

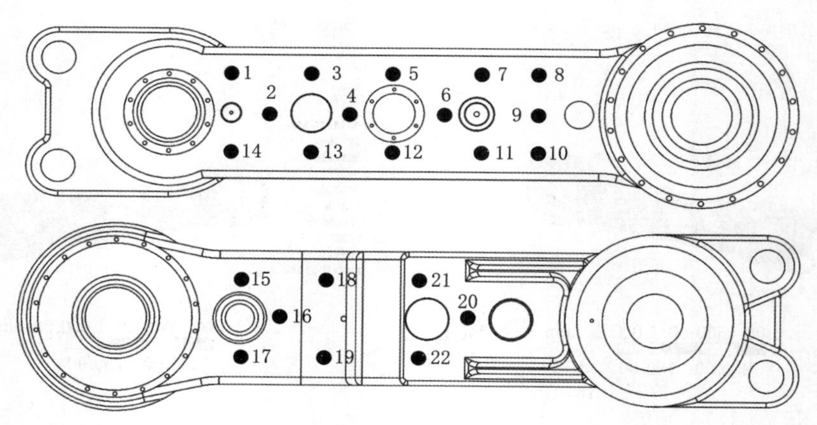

图 3.13 摇臂关键截面监测点初选位置

在煤壁侧,摇臂二至五轴组件轴承座孔上下各选一个测点,且各轴组件之间取中心位置选取一个测点;六轴组件由于下方不适宜布置传感器,所以在六轴组件与五轴组件间垂直选取 3 个测点。在采空侧,由于其壳体结构与煤壁侧的略有不同,所以在三轴组件与四轴组件周围布置如图 3.13 所示的 5 个测点。六轴组件与五轴组件间垂直选取 3 个测点。初选测点共 22 个。提取各点 1 阶、3 阶、5 阶、6 阶应变模态,其结果如表 3.6 所示。

表 3.6 初选测点各阶应变模态

标号		1	2	3	4	5	6	7	8
单元号		57844	66055	57392	59405	57338	65934	57646	56821
1 阶	X 应变/με	4.34	38.17	−32.73	29.10	−2.11	−10.58	20.95	−46.26
	Y 应变/με	−5.95	−5.21	6.79	−1.38	−1.88	3.68	10.80	10.34
3 阶	X 应变/με	−12.81	9.41	−68.81	−110.61	−62.09	−45.72	−82.21	−194.63
	Y 应变/με	27.83	−1.12	20.53	43.52	41.89	8.98	70.65	49.86
5 阶	X 应变/με	9.75	2.86	58.02	−5.53	−66.93	−28.98	−93.37	158.14
	Y 应变/με	−4.76	−18.70	51.43	6.46	−22.93	8.24	62.63	−255.78
6 阶	X 应变/με	−32.87	187.3	324.6	67.39	45.00	4.92	112.14	371.15
	Y 应变/με	−118.29	−37.58	−83.46	49.60	16.71	−63.22	−30.16	175.97

表 3.6(续)

标号 单元号		9 68848	10 66019	11 57654	12 57617	13 57437	14 60709	15 65893	16 68712
1阶	X 应变/με	194.67	31.93	31.48	−12.48	10.76	1.49	−4.71	−6.62
	Y 应变/με	41.96	13.31	17.82	6.91	−7.04	−2.39	27.63	6.40
3阶	X 应变/με	160.52	131.43	−53.60	−48.88	−29.93	−3.60	−54.93	−37.07
	Y 应变/με	63.67	61.99	55.98	23.64	49.11	24.18	7.85	46.82
5阶	X 应变/με	274.55	−111.46	149.38	58.69	188.86	−30.19	28.43	58.42
	Y 应变/με	−106.36	87.16	−75.17	17.05	−82.57	41.79	−106.48	−60.52
6阶	X 应变/με	572.34	346.15	−269.14	−68.50	195.06	98.23	−233.04	−106.68
	Y 应变/με	−208.43	234.88	98.18	88.58	155.24	15.27	−234.64	59.64
标号 单元号		17 68798	18 57337	19 57553	20 69845	21 57411	22 57403		
1阶	X 应变/με	14.71	34.79	14.97	−7.48	10.21	4.22		
	Y 应变/με	19.74	−10.85	−5.42	−1.38	−6.51	14.25		
3阶	X 应变/με	−112.53	−85.53	−57.73	−182.78	−51.57	−15.13		
	Y 应变/με	49.73	29.08	39.05	43.52	33.3	15.47		
5阶	X 应变/με	−63.53	−98.46	193.76	−12.06	40.42	23.36		
	Y 应变/με	−87.16	−44.62	−71.51	6.46	−41.06	26.39		
6阶	X 应变/με	66.94	−284.45	181.49	−74.13	−232.88	128.54		
	Y 应变/με	101.83	13.93	−181.53	−63.89	−117.69	14.62		

(2) 传感器分布优化结果

利用 MATLAB 软件,使用有效独立-驱动点残差法计算流程对初选的 22 个测点进行优化布置。最终所得摇臂应变传感器优化布置结果如表 3.7 所示。所选出的 7、11 测点位于煤壁侧五轴组件轴承座孔上下方,8、9、10 测点位于煤壁侧五轴组件与六轴组件间。上述测点布置位置是传动系统的低速级区间。从位移模态振型分析结果来看,这些位置是 1 阶位移模态与 3 阶位移模态位移幅值较大位置。

表 3.7 摇臂应变传感器布置优化结果

测量目标	测点标号
X 方向应变	7、8、9、10、11、18、19、21、22
Y 方向应变	8、9、10

18、19、21、22 测点位于采空侧三轴组件与四轴组件轴承座孔上下方。上述位置是传动系统高速与低速过渡区间。从位移模态振型分析结果来看,这些位置是 5 阶位移模态与 6 阶位移模态位移幅值最大位置。对比所有初选测点各阶应变模态,以上优化选取的各测点在测量方向的应变值均大于其他未选测点的,这说明采煤机摇臂应变传感器优化布置方案具备一定合理性。

3.4 齿轮轴受力分析与传感器安装位置确定

3.4.1 仿真结果分析

摇臂倾角为35°时，电机输出端齿轮1与齿轮2稳定工作情况第5 s至第10 s时间里第5对齿轮啮合力的变化曲线如图3.14所示。第5对齿轮啮合力最小值约为3 000.4 N，最大值约为253 200.6 N，平均值为95 378.09 N。以此可以得出：在滚筒截割载荷的影响下，齿轮间的啮合力波动非常大，最大值是最小值的2.6倍。

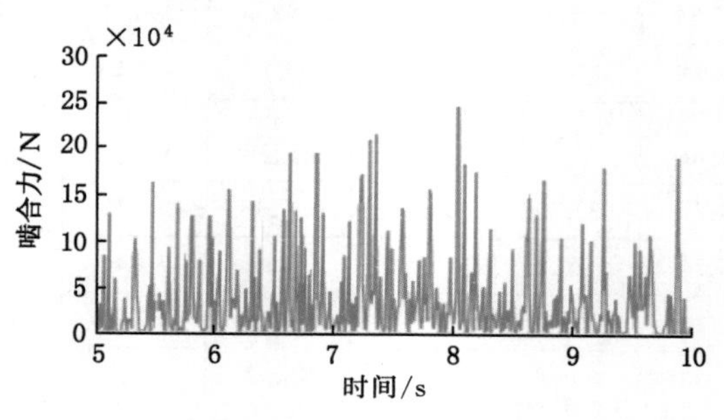

图3.14 第5对齿轮啮合力

第11对齿轮啮合力随时间变化的曲线如图3.15所示。第5对齿轮啮合力最小值约为8 455.5 N，最大值约为325 031.2 N，平均值为153 541.2 N；第11对齿轮啮合力最小值约为5 862.5 N，最大值约为233 225.3 N。摇臂齿轮啮合力随时间变化的曲线如图3.16所示，其平均值为154 263.6 N。

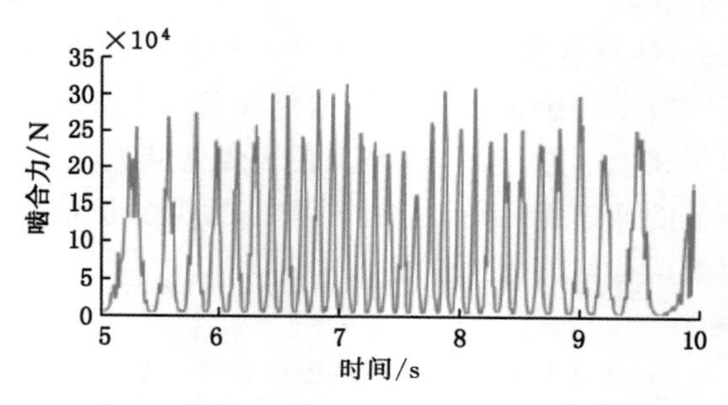

图3.15 第11对齿轮啮合力

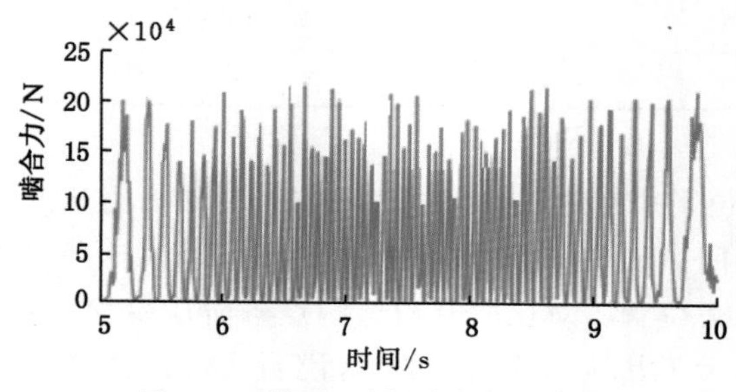

图3.16 第11对摇臂齿轮啮合力

为了更为清晰地分析出各传动齿轮的啮合力变化规律，分别提取出不同啮合曲线中齿轮啮合力的最小值、最大值和平均值，如表 3.8 所示。

表 3.8　传动系统 14 对齿轮啮合力数据统计

啮合力	最小值/N	最大值/N	平均值/N
第 1 对	3 000.4	253 200.6	95 378.09
第 2 对	274.6	224 382.2	103 567.21
第 3 对	577.0	243 456.0	108 965.9
第 4 对	2 800.3	255 893.0	112 384.1
第 5 对	8 455.5	325 031.2	153 541.2
第 6 对	1 132.5	250 973.9	147 996.2
第 7 对	1 293.4	232 261.3	148 621.6
第 8 对	3 342.9	235 930.7	149 843.9
第 9 对	3 637.7	235 824.5	147 988.1
第 10 对	5 687.6	232 850.9	140 265.0
第 11 对	5 862.5	233 225.3	124 263.6
第 12 对	2 726.1	233 081.0	120 403.5
第 13 对	7 681.3	233 801.1	120 352.0
第 14 对	9 635.3	233 801.1	121 352.0

从表 3.8 可以看出：不同位置处的齿轮啮合力变化较大。对于第 1 对到第 5 对啮合齿轮，越靠近滚筒侧的传动齿轮的啮合力越大。第 6 对啮合齿轮啮合力与第 4 对的相接近。第 7～10 对齿轮为行星传动齿轮中与中心轮啮合的四个齿轮，该四对齿轮的啮合力大致相同。第 11～14 对啮合齿轮为行星轮与太阳轮啮合的四个齿轮，该四对齿轮的啮合力也大致相同。由于行星减速器中四个行星齿轮是同时工作的，所以每个行星齿轮的啮合力相对较小。

3.4.2　扭矩传感器位置确定

通过仿真结果可获取各齿轮轴在 X、Y 方向上应力极值，如表 3.9 所示。其中 X、Y 方向上应力最大值、最小值的绝对值相接近。这是因为应变是齿轮轴受到的齿轮交变载荷力而产生的。从表 3.9 中可以看出：轴 5 应力值最大，轴 7 的次之，其他轴的相对较小，这与各轴上齿轮啮合大小分布相接近。

表 3.9　摇臂齿轮轴各轴应力极值

名称	X 正方向最大值/N	X 负方向最大值/N	Y 正方向最小值/N	Y 负方向最小值/N
轴 1	−20.76	20.2	−10.61	10.61
轴 2	−24.42	23.14	−33.88	28.35
轴 3	−23.69	26.32	−27.36	25.40

表 3.9(续)

名称	X 正方向最大值/N	X 负方向最大值/N	Y 正方向最小值/N	Y 负方向最小值/N
轴 4	−56.08	51.42	−34.66	37.90
轴 5	−103.69	116.32	−117.36	115.40
轴 6	−31.31	31.18	−31.42	31.23
轴 7	−96.58	99.43	−114.64	103.89

由于第 5 齿轮轴受力最大，所以有必要对第 5 齿轮轴进行受力分析。第 5 对齿轮分别安装在轴 5 和轴 6 上，又因两轴直径相同，所以只对其中的一个轴进行应力研究，通过仿真结果调出采煤机摇臂传动系统中齿轮轴 6 的应力云图，如图 3.17 所示，在 5.15 s 时刻，齿轮轴 6 在 X、Y 方向上应力最大点位于齿轮安装面的阶梯台处，最大应力值 125 MPa，远低于屈服应力 640 MPa，安全系数 5.56，可靠性较高。

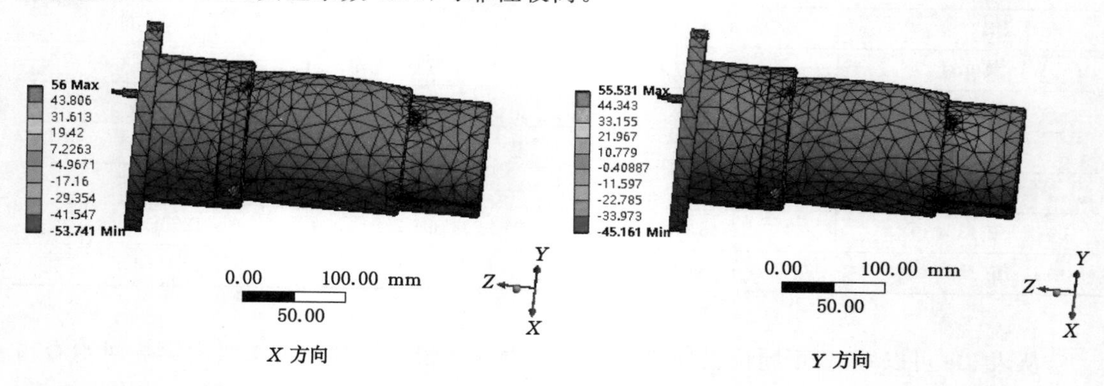

图 3.17　轴 6 应力分布云图

通过上述分析可知：第 5 对齿轮啮合力曲线变化规律清晰，含有误差分量相对较小，其变化趋势与滚筒载荷变化趋势相对较为接近，所以选取该对齿轮的啮合力来表征滚筒载荷的大小和变化规律，更加符合要求，但由于直接测量齿轮啮合力相对较难，所以可以通过测量齿轮轴的载荷来反应啮合力大小，第 5 对啮合齿轮分别安装在轴 5 和轴 6 上，其中轴 6 的安全系数要远大于轴 5 的安全系数，故从使用安全角度出发，在轴 6 内部安装应变计测量齿轮的啮合力更有利于齿轮传动系统的可靠性，所以本文综合考虑实际安装因素和齿轮轴对滚筒载荷的反应灵敏度，确定得出距离截割滚筒较近的惰轮销轴 6 是安装改造的滚筒扭矩传感器的最佳位置。

3.5　EDEM 软件及其基本理论

3.5.1　EDEM 软件介绍

EDEM 是基于离散元素法研发的多用途 CAE 仿真建模软件，主要用于模拟和分析颗粒物料的力学行为及其对处理设备性能的影响。目前，EDEM 软件已被广泛应用于采矿、工程农业机械、化工、钢铁和医药等领域。EDEM 主要由前处理器 Creator、求解器 Simulator 和后处理模块 Analyst 三部分构成。其基本结构框架及功能如图 3.18 所示。

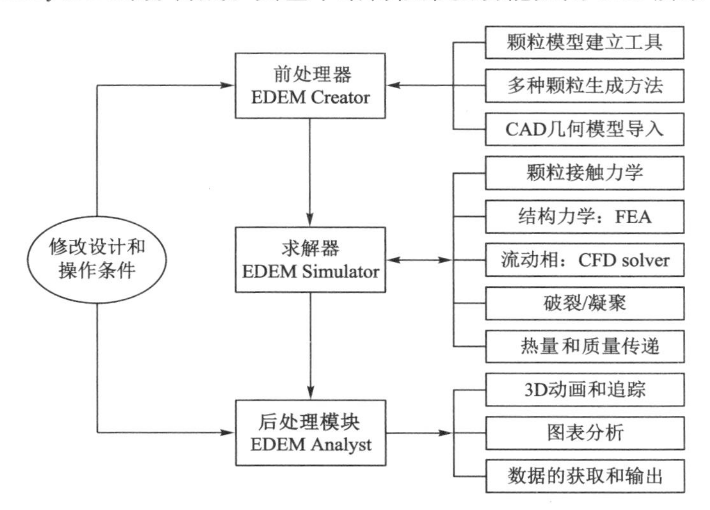

图 3.18　EDEM 基本结构框架及功能

前处理工具 Creator 具有强大的参数化建模功能，可以自由定义颗粒外形或通过填充颗粒模板实现特定颗粒形状，通过对颗粒及机械设备进行丰富的运动学和物理特性参数设置，实现仿真工况下离散元模型的高效建立；求解器 Simulator 领先的多核并行技术，最高支持千万量级的颗粒间及其与设备间相互作用的快速检测，极大地提高了仿真计算效率；后处理模块 Analyst 则为用户提供了多种形式的数据分析工具，可按需对仿真结果进行定性定量分析与处理。总而言之，EDEM 在学习操作、适用范围及分析处理问题等方面相比其他离散元仿真软件具有更大优势，因此本章拟选用 EDEM 对采煤机滚筒破碎煤岩动态过程进行仿真获取滚筒截割载荷。

3.5.2　接触模型及其基本理论

离散元素法以牛顿定律和不同的接触模型为基础，将研究对象分解为以颗粒或块体为单位的离散单元，利用不同的接触模型计算仿真过程中单元间相互作用，再运用牛顿定律计算单元的运动参数，迭代分析研究对象的宏观运动规律。针对煤岩截割问题，在本节中选用 Hertz-Mindlin(No Slip)接触模型与 Hertz-Mindlin with Bonding 接触模型作为煤岩体破碎过程中煤岩颗粒与采煤机滚筒及煤岩颗粒间的接触模型。

(1) Hertz-Mindlin(No Slip)接触模型

Hertz-Mindlin(No Slip)接触模型是 EDEM 中使用的默认接触模型，该模型以 Mindlin 等的研究成果为理论基础分别计算单元间法向力分量与切向力分量，具有精确且高效的计算性能。如图 3.19 所示为 Hertz-Mindlin(No Slip)接触模型。

设两球形颗粒间发生弹性碰撞，法向重叠量 α 为：

$$\alpha = R_1 + R_2 - |\boldsymbol{r}_1 - \boldsymbol{r}_2| > 0 \tag{3.3}$$

式中，R_1、R_2 分别为两球形颗粒半径，mm；$\boldsymbol{r}_1$、$\boldsymbol{r}_2$ 分别为两球形颗粒球心位置矢量，mm。

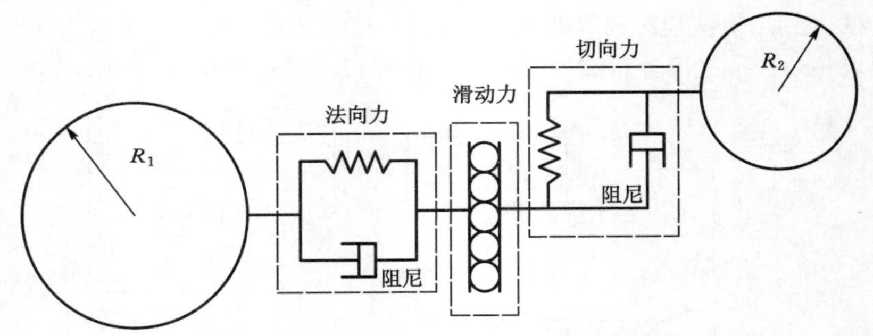

图 3.19 Hertz-Mindlin (No Slip)接触模型

颗粒间的接触面为圆形，则接触面半径 a 为：

$$a=\sqrt{\alpha R^*} \tag{3.4}$$

所以，颗粒间法向力 F_n 为

$$F_n=\frac{4}{3}E^*(R^*)^{1/2}\alpha^{3/2}=\frac{4E^*}{3R^*}a^3 \tag{3.5}$$

式中，R^* 为模板颗粒有效半径，mm；E^* 为等效弹性模量，Pa，可分别由式(3.6)及式(3.7)求得。

$$\frac{1}{R^*}\equiv\frac{1}{R_1}+\frac{1}{R_2} \tag{3.6}$$

$$\frac{1}{E^*}\equiv\frac{1-\nu_1^2}{E_1}+\frac{1-\nu_2^2}{E_2} \tag{3.7}$$

式中，E_1、E_2 分别为两球形颗粒的弹性模量，Pa；ν_1、ν_2 分别为两球形颗粒的泊松比。

此外，法向阻尼力 F_n^d 可由式(3.6)求得：

$$F_n^d=-2\sqrt{\frac{5}{6}}\beta\sqrt{S_n m^*}\,v_n^{\mathrm{rel}} \tag{3.8}$$

式中，m^* 为等效质量，kg，由下式求出：

$$m^*=\frac{m_1m_2}{m_1+m_2} \tag{3.9}$$

设两颗粒发生碰撞前的速度为 v_1、v_2，发生碰撞时的法向单位矢量为 $\boldsymbol{n}$，则有：

$$\boldsymbol{n}=\frac{\boldsymbol{r}_1-\boldsymbol{r}_2}{|\mathrm{r}_1-\mathrm{r}_2|} \tag{3.10}$$

所以，相对速度的法向分量值 v_n^{rel} 为：

$$v_n^{\mathrm{rel}}=(v_1-v_2)\cdot n \tag{3.11}$$

式(3.8)中与恢复系数相关的参数 β 和法向刚度 S_n 分别为：

$$\beta=\frac{\ln e}{\sqrt{\ln^2 e+\pi^2}} \tag{3.12}$$

$$S_n=2E^*\sqrt{R^*\alpha} \tag{3.13}$$

式中，e 为恢复系数。

颗粒间的切向力 F_t 取决于切向重叠量 δ 和切向刚度 S_t。其公式为：

$$F_t=-S_t\delta \tag{3.14}$$

$$S_t = 8G^* \sqrt{R^* \alpha} \tag{3.15}$$

式(3.15)中 $G^* = \dfrac{2-v_1^2}{G_1} + \dfrac{2-v_2^2}{G_2}$ 为等效剪切模量,Pa;G_1、G_2 分别为两球形颗粒的剪切模量,Pa。

颗粒间的切向阻尼力 F_t^d 由式(3.16)给出:

$$F_t^d = -2\sqrt{\frac{5}{6}}\beta\sqrt{S_t m^*}\, v_t^{\text{rel}} \tag{3.16}$$

式中,v_t^{rel} 为切向相对速度,mm/s。

切向力与摩擦力 $\mu_s F_n$ 有关,μ_s 为静摩擦系数。通常,在仿真中还要考虑滚动摩擦,在接触表面施加力矩 $\boldsymbol{T}_i$ 表示:

$$\boldsymbol{T}_i = -\mu_r F_n R_i \boldsymbol{\omega}_i \tag{3.17}$$

式中,μ_r 为滚动摩擦系数;R_i 为颗粒 i 的质心到接触点间距离,mm;$\boldsymbol{\omega}_i$ 为颗粒 i 在接触点处的单位角速度向量,r/s。

(2) Hertz-Mindlin with Bonding 接触模型

如图3.20所示为Hertz-Mindlin with Bonding接触模型。该模型用于模拟物料破碎、断裂等问题,以两球形颗粒碰撞接触点 O 为中心,生成半径为 R_B 的圆柱形连接键连接两颗粒,阻止其在法向和切向的相对运动,当达到最大法向和切向剪应力时,该键破裂,此后改用Hertz-Mindlin(No Slip)接触模型求解。

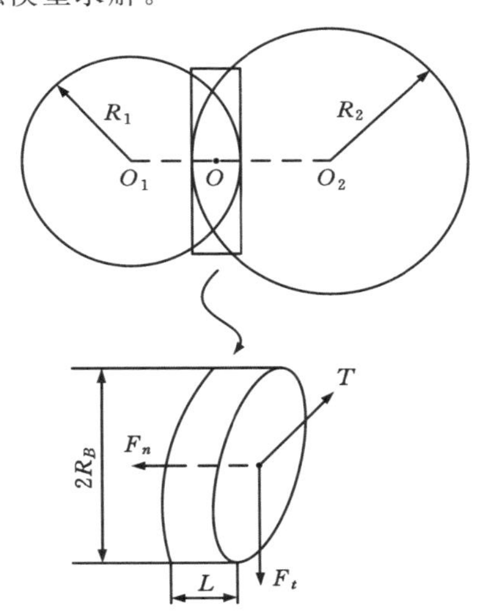

图3.20　Hertz-Mindlin with Bonding 接触模型

颗粒在某时刻 t_{bond} 发生连接后,颗粒间剪切力 $F_{n,t}$ /力矩 $T_{n,t}$ 置零,随着时间步长的增加,按照式(3.18)所示进行更新迭代。

$$\begin{cases} \delta F_n = -v_n S_n A \delta t \\ \delta F_t = -v_t S_t A \delta t \\ \delta T_n = -\omega_n S_t J \delta t \\ \delta T_t = -\omega_t S_n J \delta t / 2 \end{cases} \tag{3.18}$$

式中，R_B 为连接半径，mm；v_n、v_t 为颗粒的法向及切向速度，mm/s；ω_n、ω_t 为颗粒的法向及切向角速度，r/s；A 为颗粒间接触区域面积，mm^2，$A=\pi R_B^2$；J 为极惯性矩，mm^4，$J=A^2/2\pi$ 。

当剪切力超过阈值时，连接键断裂，此时定义最大法向剪应力 $\sigma_{\max}$ 和最大切向剪应力 $\tau_{\max}$ 如式(3.19)所示。

$$\begin{aligned} \sigma_{\max} &< \frac{-F_n}{A} + \frac{2T_t}{J}R_B \\ \tau_{\max} &< \frac{-F_t}{A} + \frac{T_n}{J}R_B \end{aligned} \tag{3.19}$$

3.6 滚筒-煤壁耦合截割离散元模型建立与仿真

EDEM 具有强大的颗粒体参数化建模功能，但是其仅能建立简单的设备体几何模型。对于采煤机截割滚筒这种复杂结构，只能通过专业三维制图软件进行建模后通过接口文件导入 EDEM 中再进行运动学仿真。因此，首先，利用 Solidworks 建立煤壁三维实体模型；然后，与第 2.2.1 节中所建立的采煤机截割滚筒三维实体模型按照实际位置关系进行装配；最后，导入 EDEM 软件完成滚筒-煤壁耦合截割离散元模型建立与仿真。

3.6.1 滚筒-煤壁耦合截割离散元模型建立

利用 Solidworks 完成滚筒与煤壁相对位置的装配后导出.IGS 格式文件，新建 EDEM 工程“DCCEDEM”，设置单位并保存，在 Geometries 选项卡处导入该文件得到如图 3.21 所示的重载直行阶段滚筒-煤壁耦合截割几何模型。在图 3.21 中由于刮板输送机对仿真无实际影响，所以在此仅做示意不单独说明其建模过程。

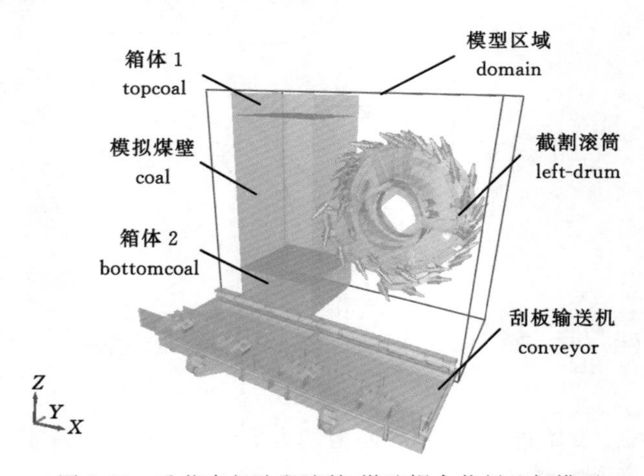

图 3.21 重载直行阶段滚筒-煤壁耦合截割几何模型

把上述几何模型导入后，还需对其进行如下修改才能构建符合仿真需求的离散元模型。

(1) 合并几何体

由于截割滚筒在三维实体建模过程中并非整体，由滚筒及各截齿等零件装配而成，为了使其具有统一的运动参数需要对其进行几何体合并。以滚筒为基础，利用 Merge Geometry 功能将截割滚筒其余部件选中合并为统一整体。

（2）模拟煤壁的生成

拟建立大小为 1 300 mm×1 300 mm×2 300 mm，普氏系数 f 为 3 的煤壁。为了减少仿真计算量，不参与截割部分的用箱体 1 与箱体 2 代替。利用 EDEM2018 新增的颗粒床生成工具完成模拟煤壁颗粒的快速生成。该工具只需建立代表性颗粒床单元 Block，完成该单元的颗粒堆积后，以其为模板进行复制完成整个大规模颗粒床的堆积，极大地减少了颗粒生成时间。

首先创建新的 EDEM 工程“COALBLOCK”，设置单位并保存后添加颗粒材料与几何体材料并对其性质进行设定，根据课题组已有研究，材料属性如表 3.10 所示。

表 3.10　材料属性表

材料	泊松比	剪切模量/Pa	密度/(kg/m³)	与煤岩的接触属性		
				恢复系数	静摩擦因数	动摩擦因数
煤 coal	0.5	1×10^{9}	1 400	0.5	0.6	0.05
钢 steel	0.3	7×10^{10}	7 800	0.5	0.4	0.05

在 coal material 材料下添加 Coal Particle，选择单球模型，设其物理半径 20 mm，因建立模拟煤壁需将颗粒进行黏结，故勾选 Edit Contact Radius，设置接触半径 22 mm。在 Geometries 选项卡中添加虚拟箱体 Box，设置大小 325 mm×325 mm×600 mm，添加动态颗粒工厂作为代表性颗粒床单元生成颗粒，颗粒总数 1 150，生成速率 5 000 个/秒，并在颗粒 Z 向施加 −1 m/s 速度使其加速下落。添加实体平面 Polygon，设置大小 325 mm×325 mm，使其置于箱体底面承载颗粒。

进入 Simulator 界面，设置时间步长 20%，总仿真时间 0.5 s，网格尺寸为最小颗粒半径的 3 倍。仿真结束后得到如图 3.22 所示 coal block 单元。返回 Creator 界面右键单击 coal material，选择 Save Material Block 将其存入材料库。

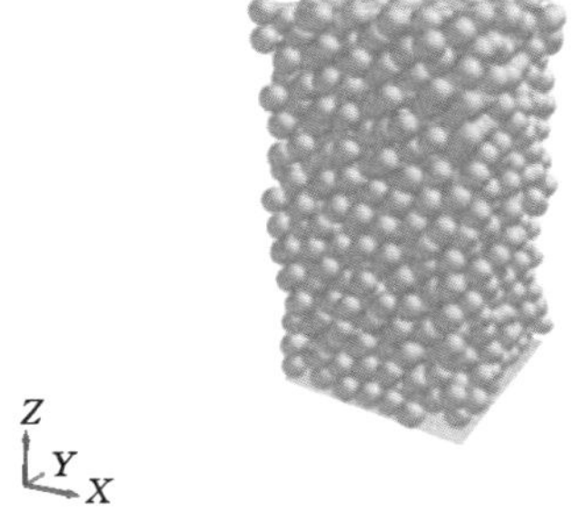

图 3.22　coal block 单元

打开“DCCEDEM”工程，单击 Bulk Material 选项卡，将材料库中的 coal block 导入，删除 coal 设备几何体，在原位置新建大小相同的 Box 并为其添加 Material Bed，设置其类型为 coal block。设置煤岩颗粒间接触模型为 Hertz-Mindlin with Bonding，根据材料颗粒性质及第 3.1.2 节中所示公式求得该模型接触参数如表 3.11 所示。设置在 0.023 s 生成 bonding 键使颗粒黏结，最终得到滚筒-煤壁耦合截割离散元模型如图 3.23 所示。

表 3.11 模型接触参数表

单位面积法向刚度/(N/m³)	单位面积切向刚度/(N/m³)	单位面积法向应力/Pa	单位面积切向应力/Pa	黏结半径/mm
5×10^7	3×10^7	2×10^7	6×10^6	22

图 3.23 滚筒-煤壁耦合截割离散元模型

3.6.2 参数设定及仿真

为使仿真成功进行，除进行上述建模参数设置外，还需对滚筒运动参数、环境变量及 Simulator 界面各参数进行设定。

(1) 截割滚筒运动参数设置

对采煤机直行截割煤壁阶段的动态过程进行仿真时，需要对截割滚筒运动参数进行设置。完成该动作时，截割滚筒具有两种运动：沿 X 轴负方向的线性直线运动和前进过程中绕 Y 轴做顺时针的直线旋转运动。根据模拟煤壁生成时间及仿真总时间，设置运动开始时间为 0.03 s，运动结束时间为 5.03 s。根据第 2.1 节采煤机主要技术参数，设置牵引速度为 5 m/min，滚筒转速为 31.4 r/min。需特别注意的是，在设置线性旋转运动参数时要对旋转中心进行设置。根据截割滚筒与模拟煤壁的位置配合关系，设置旋转中心 XYZ 坐标为 (1 709.06，−260，1 650)，勾选 Move with Body 选项，确保旋转中心随滚筒做线性直线运动。

(2) 环境变量设置

环境变量包括模型区域设置及重力设置。如图 3.4 所示红色线框部分为离散元仿真计算区域，在仿真过程中移出该区域的颗粒不再参与后续计算，故其范围大小对仿真时间存在一定影响。本案例中刮板输送机仅做示意作用，因此设置模型区域不包含刮板输送机以提高仿真效率，减少仿真时间。重力使用默认设置，重力方向为 Z，重力加速度大小为 $-9.81\ m/s^2$。

(3) Simulator 界面各参数设置

Simulator 界面各参数包含仿真运行所必需的时间步长、仿真时间、数据保存间隔以及网格大小等重要参数。时间步长是求解器 Simulator 的迭代计算时间,因为 Hertz-Mindlin with Bonding 接触模型对时间步长极为敏感,所以设置固定时间步长为 5%,总仿真时间 5.03 s,数据保存间隔 0.05 s,网格尺寸 3 倍最小颗粒半径,采用 16 核并行计算。

3.6.3 仿真结果获取

仿真完成后,输出截割滚筒运动过程中在 X、Y、Z 三个方向的受力数据以及力矩数据利用 Origin 绘制如图 3.24 所示的截割滚筒三向截割载荷曲线以及如图 3.25 所示的截割滚筒三向截割阻力矩曲线。由图 3.24 可知采煤机滚筒截割负载波动剧烈,呈随机非周期性变化。所受三向截割载荷数量级基本相同,随着参与截割的截齿数不断增加,三向截割载荷呈增长趋势,截割阻力最大值约为 64.6 kN、牵引阻力最大值约为 93.3 kN、轴向力最大值约为 25.6 kN。牵引阻力大于截割阻力大于轴向力,该趋势与采煤机实际工作状态吻合,说明了模型合理性。

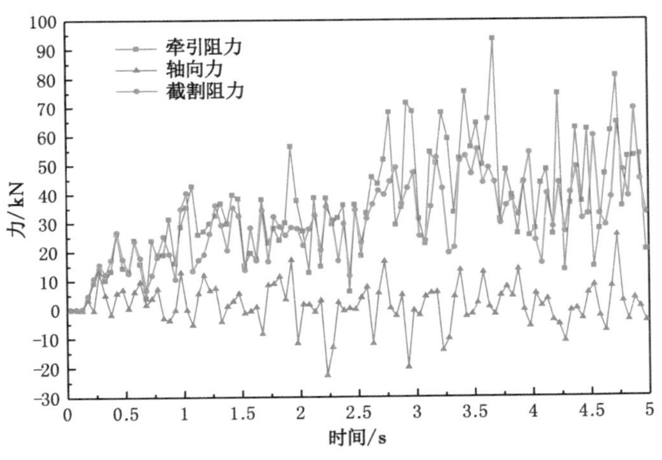

图 3.24 截割滚筒三向截割载荷曲线

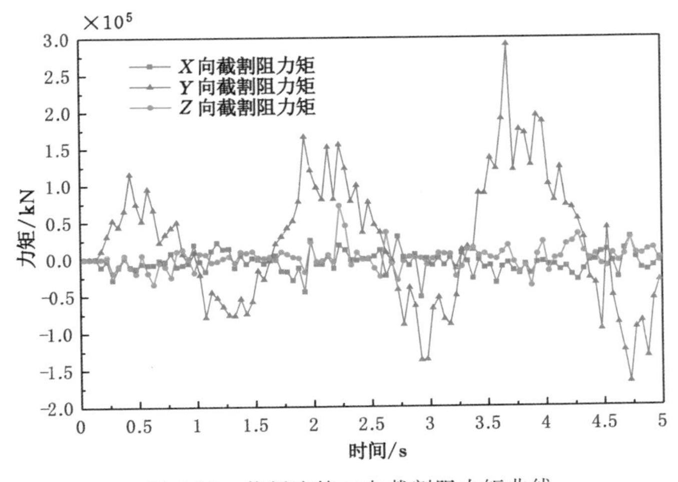

图 3.25 截割滚筒三向截割阻力矩曲线

3.7 基于 Adams 的采煤机摇臂销轴动力学仿真

Adams(Automatic Dynamic Analysis of Mechanical Systems)是一种对机械系统进行分析的仿真软件，可以进行动力学仿真，也可以进行运动学仿真，功能强大。针对机械系统中一些受到外力产生变形的情况，软件也提供了柔性体处理的功能，可以建立刚柔耦合的物理模型。软件产生的意义是在制造物理实体之前，通过仿真发现存在的问题，进而改进，逐步使理论达到最优，降低生产成本，目前，在各个工程行业，Adams 均有应用。

Adams 可以创建三维物理模型，但是操作复杂；也可导入 Solidworks、UG 等三维 CAD 格式文件，实现 Adams 与 CAD 软件的数据交换。在 Adams 中对物理模型添加约束、驱动和施加载荷之后，可以在后处理界面中输出机械零部件的位移、速度、作用力曲线和数据，实现对物理模型的各种功能测试。

本节通过 Adams 对摇臂销轴进行柔性化处理，构建刚柔耦合仿真模型；以上一节滚筒离散元仿真载荷作为激励输入，分析截割煤岩时摇臂销轴的载荷特性。

3.7.1 刚体模型导入及特征定义

使用 Adams 软件，首先新建项目，定义模型名称，选择重力、单位制和存储路径，本文选择 MMKS 单位制，单位分别为 mm、kg、N、s、degree，如图 3.26 所示。以采煤机右部为仿真研究对象，主要结构有滚筒、摇臂、连接架、销轴、调高油缸和牵引部。将 SolidWorks 模型另存为.x_b 格式，二进制；在 Adams 中将该格式模型文件导入，如图 3.27 所示；模型导入配置，文件类型选择二进制，模型名称默认为.MODEL_1，点击确定。

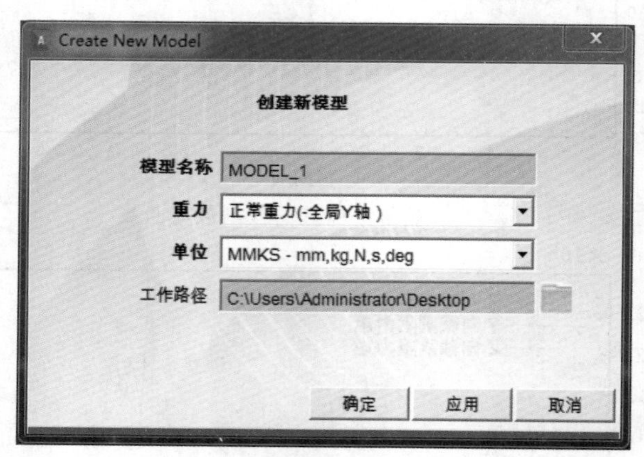

图 3.26　新建项目配置

导入到 Adams 的采煤机模型如图 3.28 所示。

导入之后，需要对模型部件定义质量属性。Adams 中提供了多种材料属性，双击项目树中其他—材料—钢铁，弹出材料属性界面，如图 3.29 所示。对模型零件施加材料属性需要双击项目树中物体下的各个部件，弹出修改实体属性界面，按照图 3.30 所示配置实体对象的质量属性，材料类型选择 Adams 提供的钢铁材料属性，也可在表格编辑器中对零部件属性统一修改。

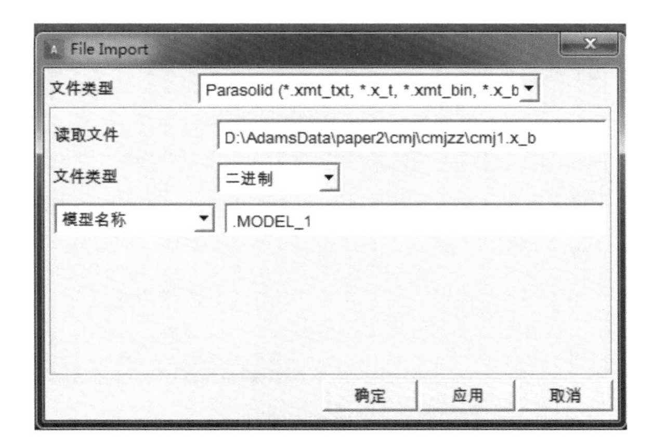

File Import
文件类型
Parasolid (*.xmt_txt, *.x_t, *.xmt_bin, *.x_b
读取文件
D:\AdamsData\paper2\cmj\cmjzz\cmj1.x_b
文件类型
二进制
模型名称
.MODEL_1
确定
应用
取消

图 3.27　模型导入配置

Y
Z
X

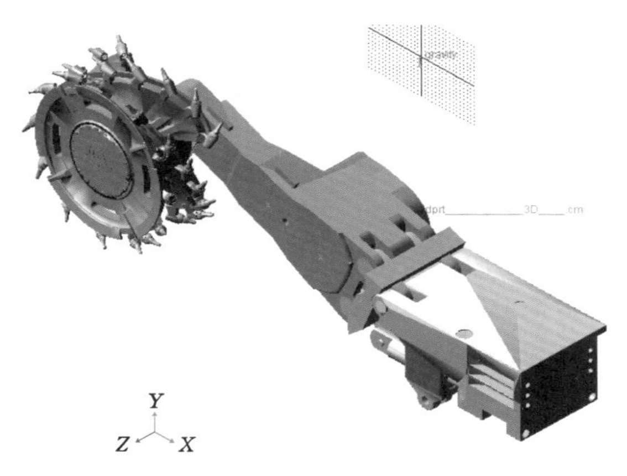

图 3.28　Adams 中采煤机模型

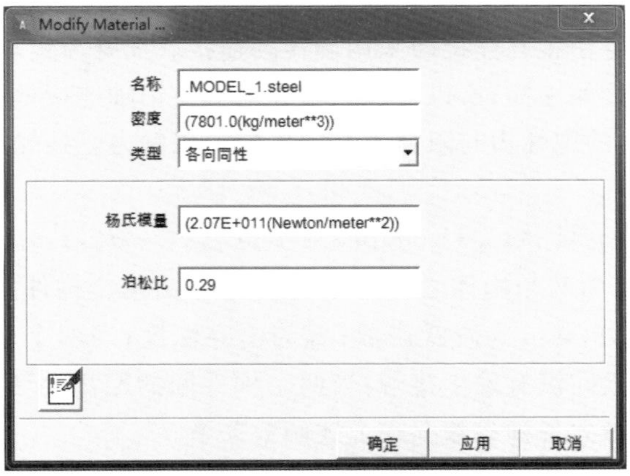

Modify Material ...
名称
.MODEL_1.steel
密度
(7801.0(kg/meter**3))
类型
各向同性
杨氏模量
(2.07E+011(Newton/meter**2))
泊松比
0.29
确定
应用
取消

图 3.29　材料属性界面

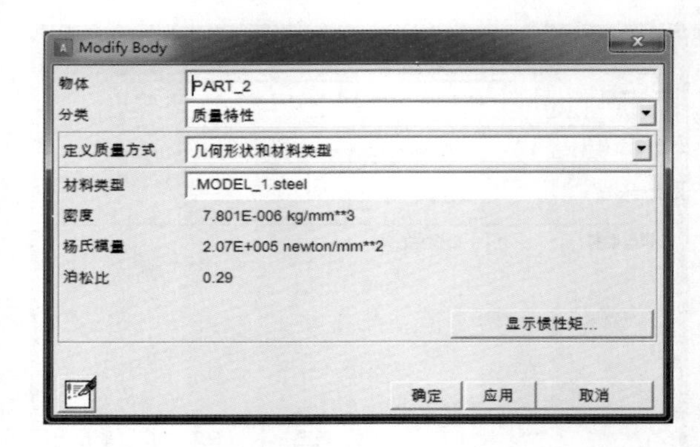

图 3.30　修改实体属性界面

3.7.2　约束运动副添加

采煤机的机械结构复杂，零部件较多。零部件之间的连接存在约束。每组连接约束都限制零部件的运动。Adams 中提供的约束有 3 种，分别是运动副约束、基本运动约束和特殊约束。根据采煤机在实际工作中的运动情况正确添加各种约束及驱动。

对工作面采煤机进行分析，采煤机有以下 3 种运动。

(1) 采煤机行走运动约束添加

采煤机的行走运动通过牵引部实现，在 Adams 中通过对牵引部滑靴添加平移副实现。在下拉菜单中选择 2 个物体和 1 个位置，第一个部件选择滑靴，第二个部件选择大地，使采煤机相对大地平移。

(2) 采煤机调高运动约束添加

采煤机的调高过程由油缸、活塞杆、连接架、机身销轴共同完成。活塞杆与油缸之间通过平移副实现左右滑动，同理选择 2 个物体和 1 个位置；油缸与连接架之间通过小轴销进行铰接，连接架通过旋转副与小销轴连接，油缸与小销轴通过布尔连接成一体；机身销轴与机身采用固定副连接，机身销轴与连接架采用旋转副连接。摇臂与销轴、连接架与销轴均不发生相对运动，但是存在接触碰撞，所以在连接架和摇臂与销轴连接处添加接触力约束。每一对接触中的两个部件间的弹性力与阻尼力共同构成了接触力。接触力表达式为：

$$F=\begin{cases}0 & q>q_0\\ K(q_0-q_c)e-C_b\cdot(\mathrm{d}q/\mathrm{d}t)\cdot \mathrm{step}(q,q_0-d_0,1,q_0,0) & q<q_0\end{cases}\tag{3.20}$$

式中，K 为刚度系数；q_0 为两个构件之间的原始距离；q 为两个构件间实际的接触距离；e 为碰撞指数；C_b 为阻尼系数；step 为阶跃函数；d_0 为击穿深度；当两个构件间的实际距离大于原始距离时，表示两者之间没有发生接触；当两个构件间的距离小于原始距离时，说明两个物体发生了接触，其接触力各种参数存在上述函数关系。

在 Adams 中施加接触时需要选定两个实体，设置上述表达式中有关的参数。根据相关资料，钢铁材料接触碰撞参数设置如图 3.31 所示。考虑到接触面存在摩擦作用，添加接触的摩擦模型，以此分别对摇臂、连接架、销轴进行接触设置。

(3) 滚筒截割运动约束添加

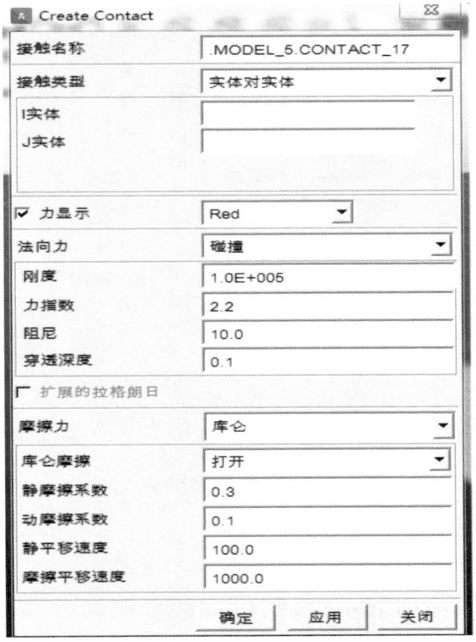

图 3.31　钢铁材料接触碰撞参数设置

滚筒的截割运动(即滚筒的旋转)是由截割电机驱动,经减速齿轮组将动力传递到滚筒的。因此齿轮组间是通过齿轮副连接的。每一个齿轮副连接由两个旋转副和一个公共构件实现。

齿轮与齿轮之间包括传动时的接触力。刚度系数要按照旋转物体刚度系数公式确定。相关公式如下:

$$\begin{cases} \dfrac{1}{R_{ab}}=\dfrac{1}{R_a}\pm\dfrac{1}{R_b} \\ \dfrac{1}{E}=\dfrac{(1-\mu_a^2)}{E_a}+\dfrac{(1-\mu_b^2)}{E_b} \\ K=\dfrac{4}{3}R_{ab}^{1/2}E \end{cases} \tag{3.21}$$

式中,μ_1,μ_2 为两个旋转物体材料泊松比;R_{ab} 为等效半径,mm;R_a,R_b 为旋转物体在接触点的半径,mm;E_a,E_b 为两个旋转物体材料弹性模量,Pa;K 为刚度系数。

综上,仿真模型的约束关系如图 3.32 所示。

3.7.3　驱动添加

在添加约束运动副之后,需要对采煤机进行运动模拟激励,施加驱动。根据采煤机的运动,在不考虑调高运动的情况下,需要添加两种驱动——牵引部的前进驱动、滚筒旋转驱动。按照实际工程中采煤机的前进速度和滚筒转速施加运动激励,截割电机额定转速大约为 1 500 r/min,其前进速度为 3 m/min。

(1) 牵引部前进驱动

由于软件先前设置为 MMKS 单位制,所以将 3 m/min 转换为 50 mm/s。

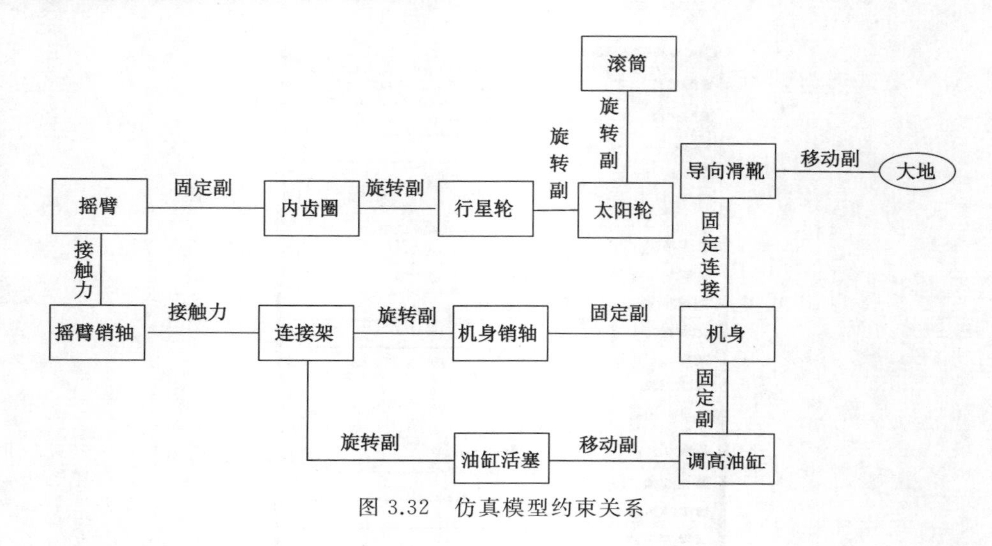

图 3.32　仿真模型约束关系

(2) 滚筒旋转驱动

滚筒旋转是由截割电机驱动的，经齿轮组带动滚筒旋转，传动系统如图 3.33所示。传动齿轮的参数如表 3.12 所示。根据实际工程中截割电机的转速设置电机输出轴的转速为 1 500 r/min，将 1 500 r/min 转换成 9 000(°)/s，通过驱动函数 step 施加到电机输出轴的转动副上。驱动函数形式为 step(time，0，0，0.1，9 000 d)。

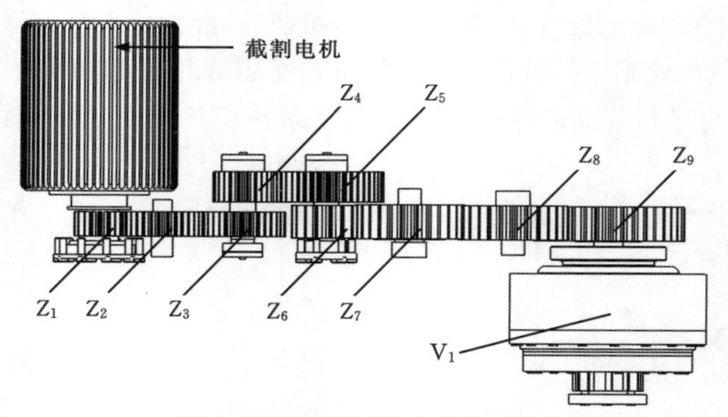

图 3.33　截割部传动系统组成

表 3.12　传动齿轮参数

齿轮	齿数	模数	齿轮	齿数	模数
Z_1	19	9	Z_9	39	14
Z_2	34	9	太阳轮	14	10
Z_3	34	9	行星轮 1	25	10
Z_4	23	9	行星轮 2	25	10
Z_5	46	9	行星轮 3	25	10
Z_6	17	14	行星轮 4	25	10
Z_7	28	14	内齿圈	66	10
Z_8	28	14			

3.7.4　销轴柔性体生成

在采煤机进行截割煤岩时，载荷经滚筒和摇臂作用在销轴上。销轴在径向力的作用下可能会产生变形。因此在分析销轴载荷特性时将销轴进行柔性化处理。由于销轴结构简单，所以在 Adams/View 中将 4 个销轴全部柔性化处理。Adams 柔性化处理设置界面如图 3.34所示。设置 20 阶模态计算，有限单元尺寸设为 20 mm，得到的柔性处理后的销轴如图 3.35 所示。

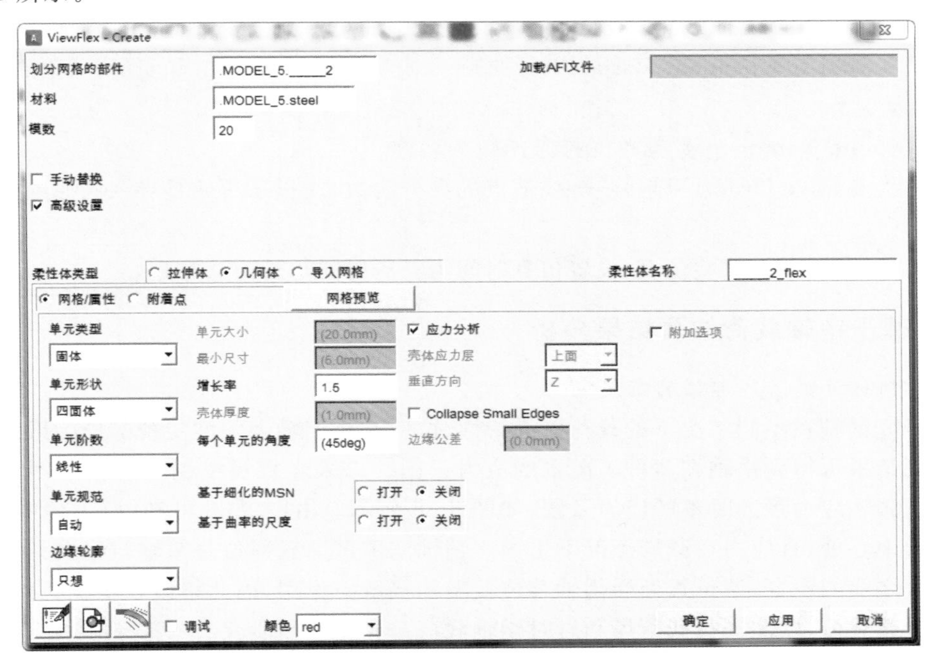

图 3.34　Adams 柔性化处理设置界面

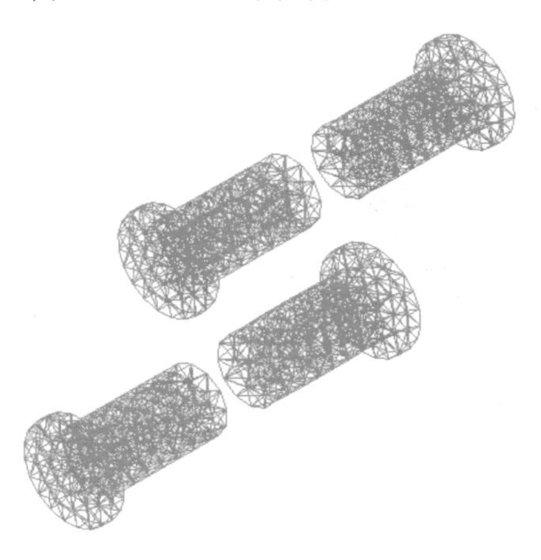

图 3.35　柔性处理后的销轴

在销轴柔性化处理后，之前所添加的接触失效，所以对柔性销轴重新添加接触力。其方法同上所述。

3.7.5 滚筒载荷施加

将离散元软件 PFC^{3D}的截岩和截煤滚筒载荷仿真数据导入到 Adams 中,创建为样条函数。将导入的数据施加在采煤机滚筒上作为载荷激励。选择创建三分力和力矩,采用 AKISPL 样条函数将导入的仿真数据施加到滚筒质心上。AKISPL 函数解释如下:

AKISPL (First Independent Variable, Second Independent Variable, Spline Name, Derivative Order)

(1) First Independent Variable——样条函数中的第一个自变量,这里为时间 time。

(2) Second Independent Variable(可选)——样条函数中的第二自变量,无第二个自变量,所以为 0。

(3) Spline Name——数据单元样条函数的名称。

(4) Derivative Order(可选)——插值点的微分阶数,这里采用的是导入的原始数据,直接为 0。

按上述配置之后,开始仿真,设置仿真时间为 5 s,时间步长为 0.001 s。

3.7.6 基于销轴载荷仿真结果分析

3.7.6.1 销轴关键受载部位的确定

在研究销轴在不同工况下的载荷差异特性时,应选择销轴上关键受载部位的载荷分析。通过仿真结果可得到销轴在两种工况下的应力云图。以采煤机煤壁侧上销轴为例,得到两种工况下销轴应力最大时刻的应力云图,如图 3.36 所示。由图 3.36 可知,应力集中位置均在销轴的中心处,且应力在截岩工况下更大。销轴的关键受载部位是销轴与连接架铰接处。根据仿真之前的设置,该位置处受销轴与连接架的接触力作用,因此将该处接触载荷作为销轴关键受载载荷,以此进行截割煤和岩时销轴载荷差异特性的研究。

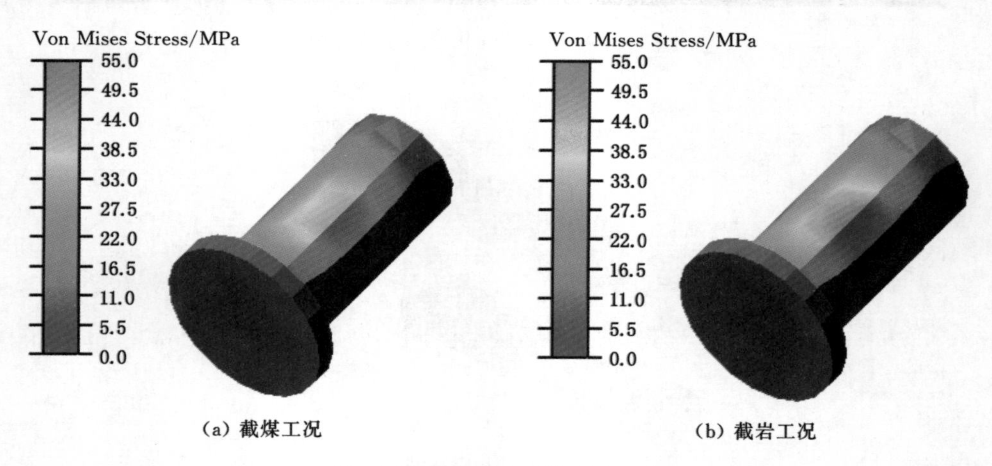

图 3.36 煤壁侧上销轴应力云图

3.7.6.2 基于销轴载荷的煤岩识别分析

通过仿真得到四根销轴在两种工况下的受力曲线。由于轴向力较小,所以仅对两个径向载荷进行分析。对四根销轴进行标号。煤壁侧上销轴为 1#，下销轴为 2#；采空侧上销轴为 3#，采空侧下销轴为 4#。

煤壁侧上销轴(1#)在两种工况下 X 和 Y 方向的接触力曲线如图 3.37 所示。在图 3.37 中，正负不代表大小，仅代表力的作用方向。截煤时上销轴 X 方向受力为 −58.3～−92.9 kN，

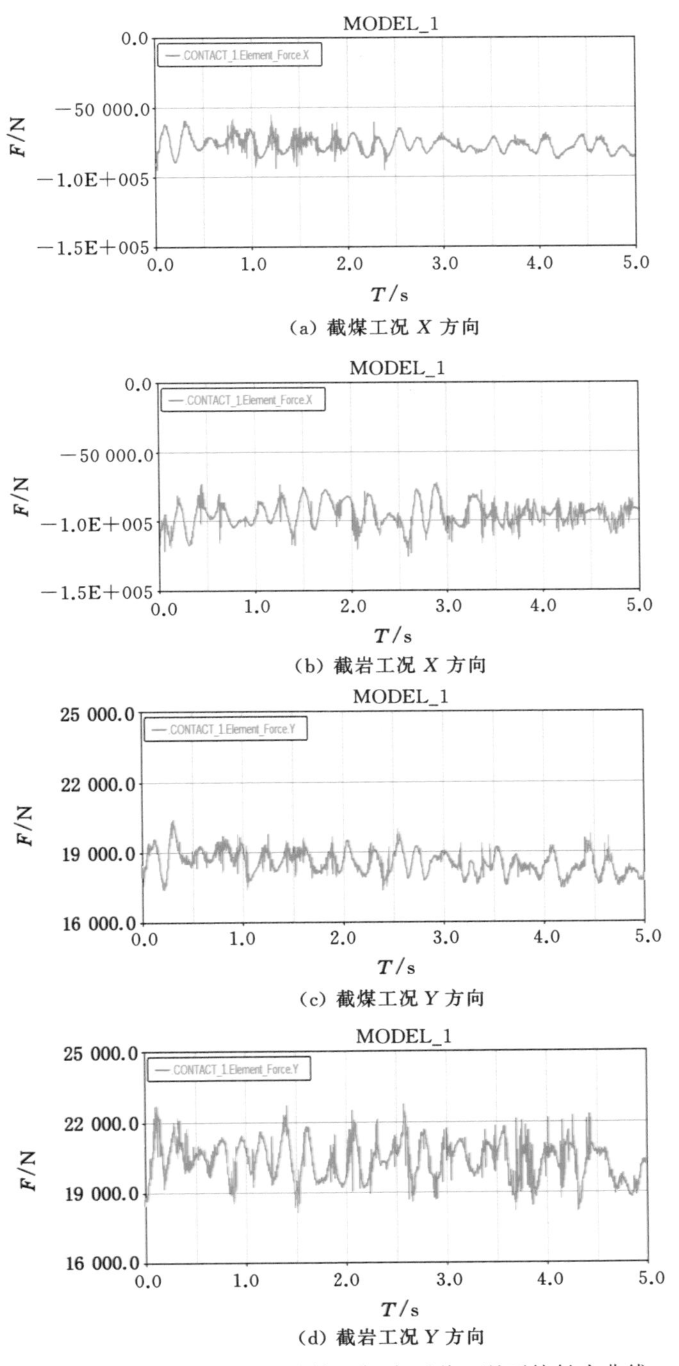

(a) 截煤工况 X 方向

(b) 截岩工况 X 方向

(c) 截煤工况 Y 方向

(d) 截岩工况 Y 方向

图 3.37　煤壁侧上销轴(1#)在两种工况下接触力曲线

截岩时上销轴 X 方向受力为 $-71.2 \sim -121.4$ kN；截煤时上销轴 Y 方向受力为 17.6～20.1 kN，截岩时上销轴 Y 方向受力为 17.9～23.2 kN。

煤壁侧下销轴（$2^{\#}$）在两种工况下 X 和 Y 方向的接触力曲线如图 3.38 所示。截煤时下销轴 X 方向受力为 72.1～113.5 kN，截岩时下销轴 X 方向受力为 88.7～165.6 kN；截煤时

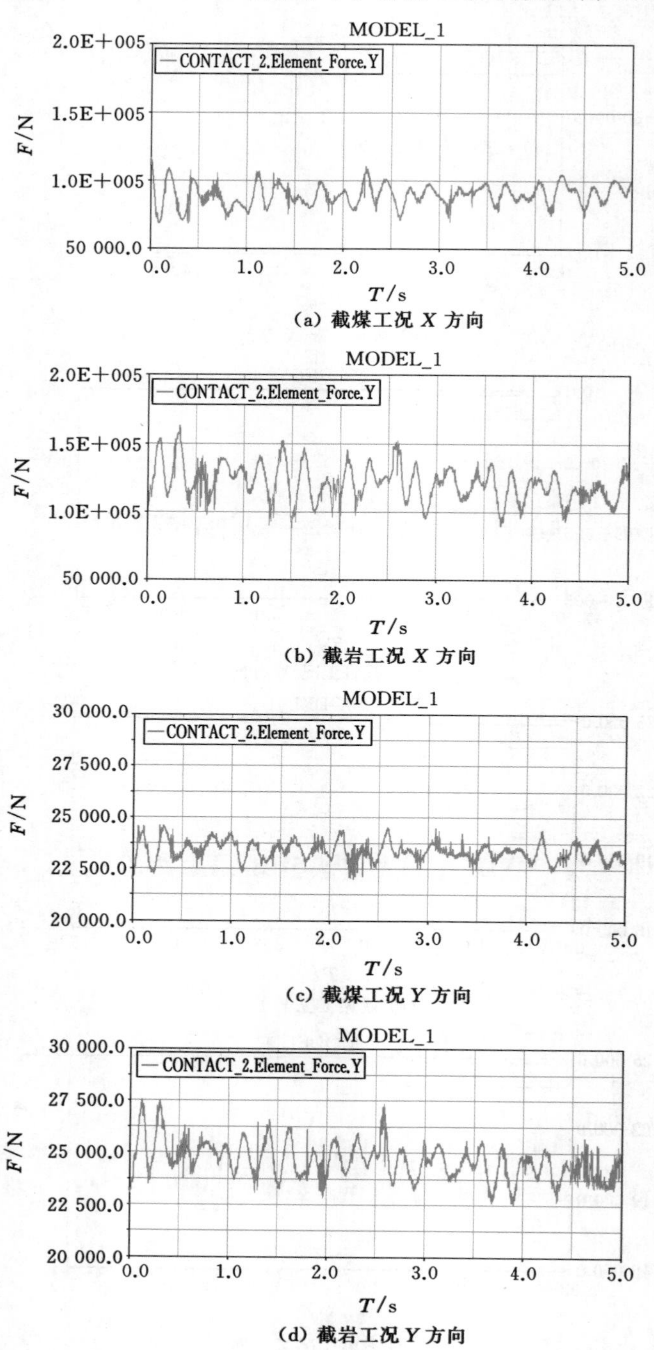

图 3.38　煤壁侧下销轴（$2^{\#}$）在两种工况下接触力曲线

下销轴 Y 方向受力为 21.9～24.6 kN，截岩时下销轴 Y 方向受力为 22.5～27.5 kN 。

采空侧上销轴(3[#])在两种工况下 X 和 Y 方向的接触力曲线如图 3.39 所示。截煤时上销轴 X 方向受力为 −77.6～−29.3 kN，截岩时上销轴 X 方向受力为−76.9～−5.8 kN；截煤时上销轴 Y 方向受力为 19.7～24.6 kN，截岩时上销轴 Y 方向受力为 21.2～28.7 kN。

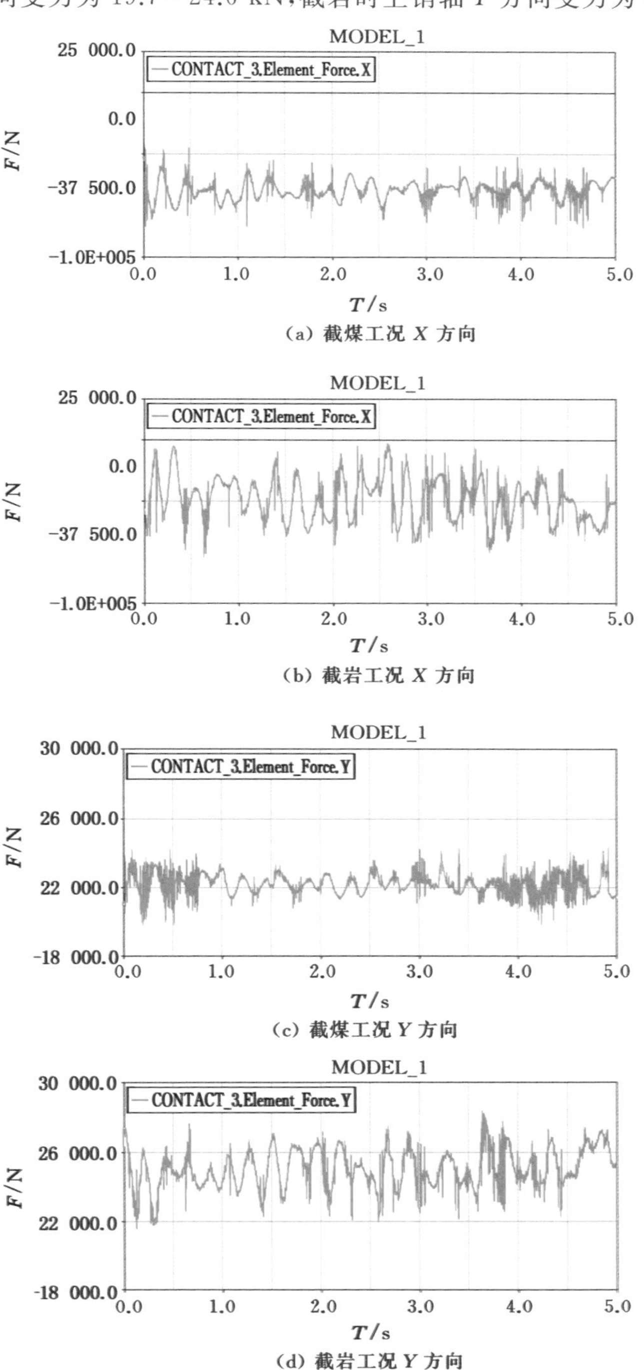

(a) 截煤工况 X 方向

(b) 截岩工况 X 方向

(c) 截煤工况 Y 方向

(d) 截岩工况 Y 方向

图 3.39　采空侧销轴(3[#])在两种工况下接触力曲线

采空侧下销轴(4#)在两种工况下 X 和 Y 方向的接触力曲线如图 3.40 所示。截煤时下销轴 X 方向受力为 66.4～107.3 kN,截岩时下销轴 X 方向受力为 81.6～142.7 kN;截煤时下销轴 Y 方向受力为 18.7～23.4 kN,截岩时下销轴 Y 方向受力为 20.6～26.2 kN。

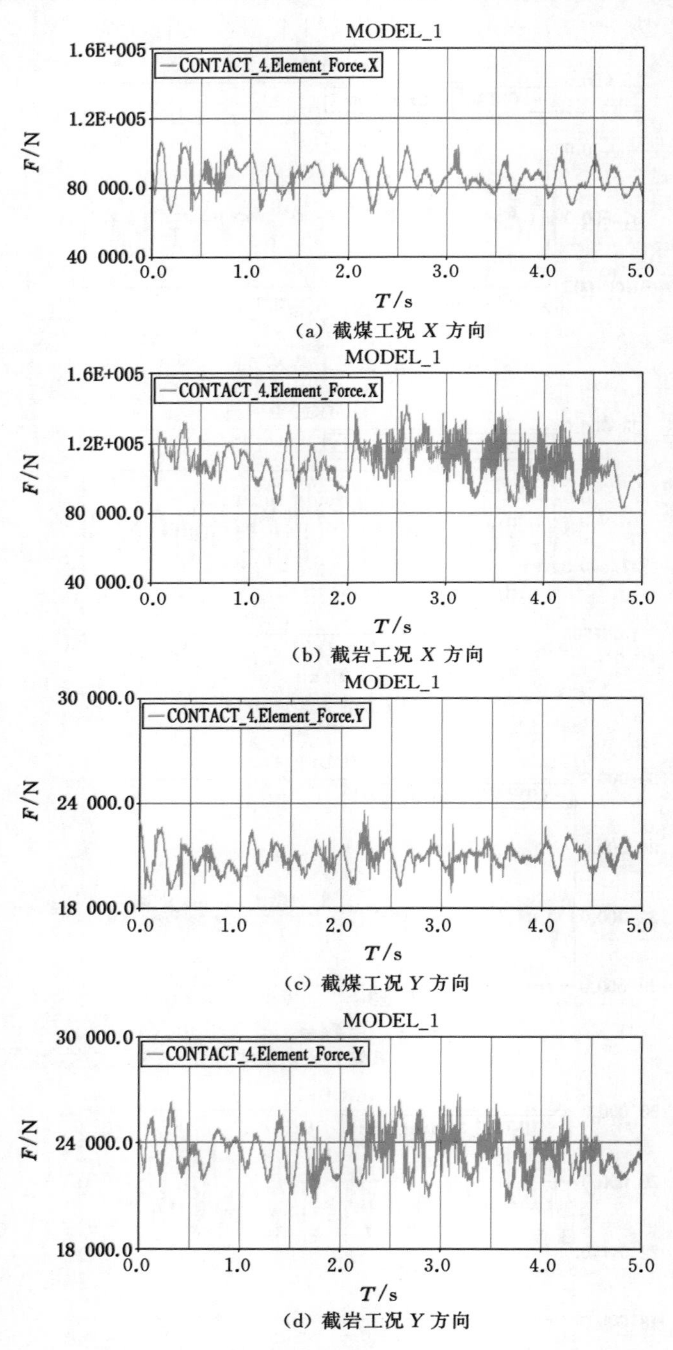

图 3.40 采空侧下销轴(4#)在两种工况下接触力曲线

综上可以看出，在两种工况下，销轴所承受的载荷均是在某一范围内无规则稳定波动。其中 X 方向受力波动范围明显大于 Y 方向销轴受力波动范围。截岩工况下销轴受力波动范围大于截煤工况下的，两种工况下销轴受力波动范围存在重合部分。由于两种煤岩硬度差别较小，滚筒截割时每个方向载荷均存在重合，再经摇臂传递到销轴，所以在两种工况下销轴对应的载荷存在重合部分。根据销轴在每种工况下对应的载荷范围进行截割煤岩状态判别存在一定误差。采用第 3 章对载荷数据进行融合处理的算法，使每个状态载荷值降低方差，减小波动，自适应收敛于理论真值，使煤岩状态的载荷差异更加明显。两种工况下经过自适应处理的销轴载荷曲线如图 3.41 至图 3.44 所示。

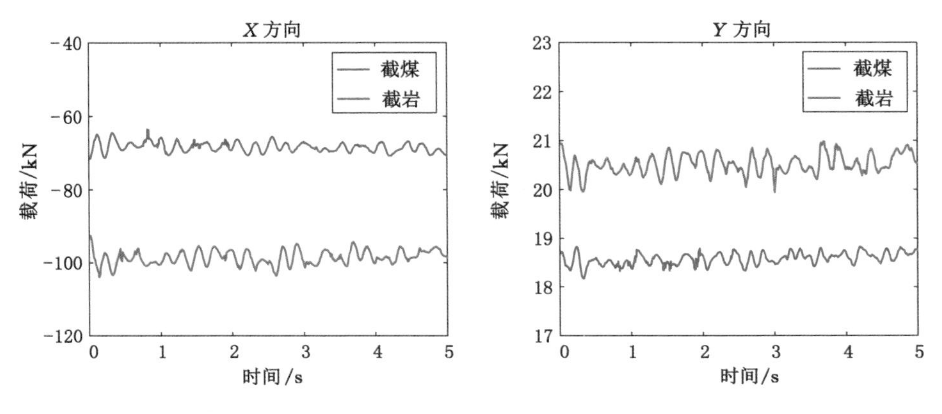

图 3.41　煤壁侧上销轴(1#)载荷自适应处理曲线

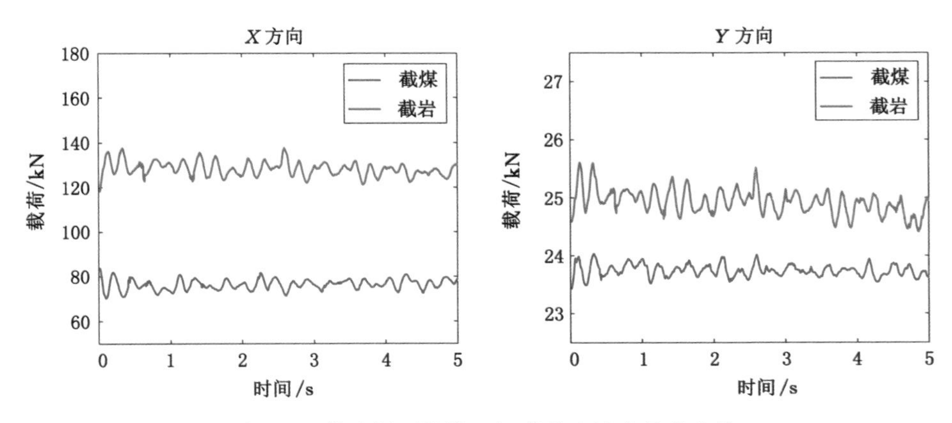

图 3.42　煤壁侧下销轴(2#)载荷自适应处理曲线

从图 3.41 至图 3.44 可以看出，每个销轴对应的载荷波动范围均明显下降。例如，煤壁侧上销轴(1#)在截煤工况下 X 方向载荷范围为－63.54～－71.51 kN，相比数据未处理之前其范围降低了 71.7%。再如，煤壁侧上销轴(1#)在截岩工况下 X 方向载荷范围为－92.57～－103.95 kN，相比数据未处理之前其范围降低了 77.3%；煤壁侧上销轴(1#)在两种工况下载荷不存在重合部分，受力差异较未处理之前更加明显。统计出每个销轴的载荷范围如表 3.13 所示。由表 3.13 可知，依据销轴载荷在某种工况条件下受力波动范围，可以确定此时的截割状态，判断是截割煤还是截割岩。

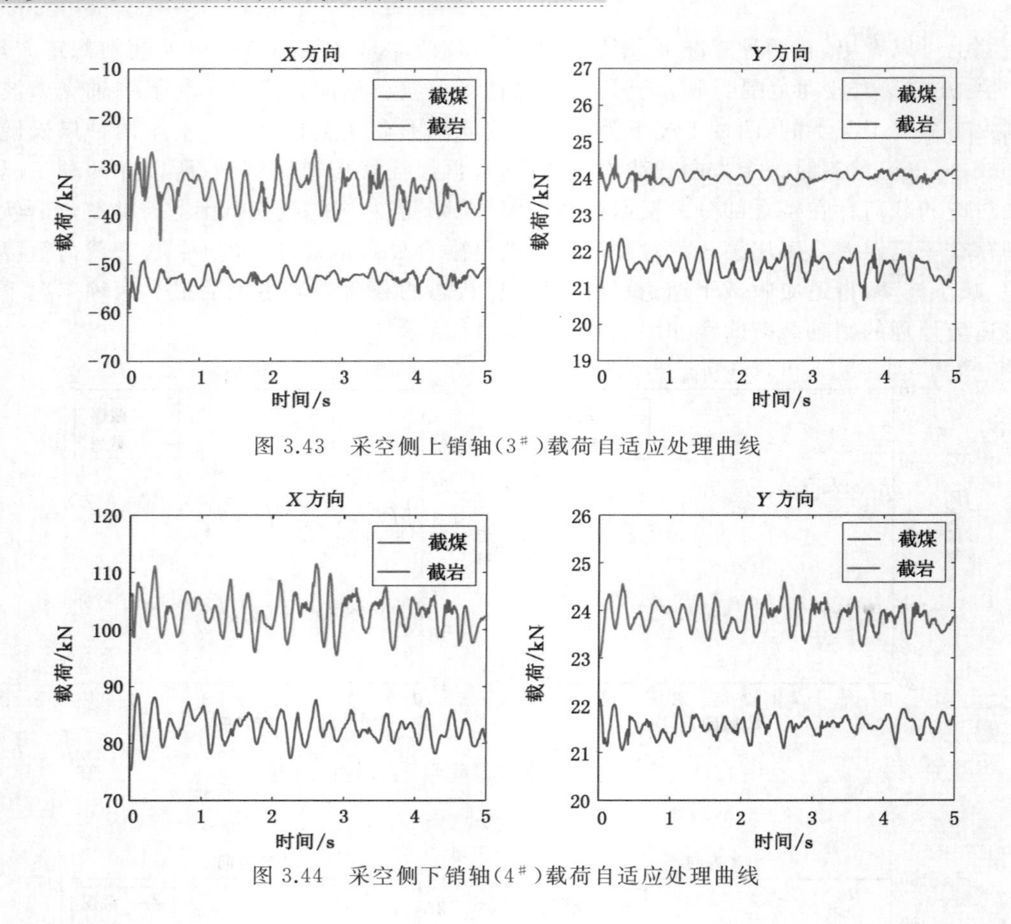

图 3.43　采空侧上销轴(3#)载荷自适应处理曲线

图 3.44　采空侧下销轴(4#)载荷自适应处理曲线

表 3.13　销轴载荷范围及对应截割状态

销轴编号	对应方向	载荷值范围/kN	截割状态	载荷值范围/kN	截割状态
1#	*X*	−63.54～−71.51	截煤	−92.57～−103.95	截岩
	Y	18.17～18.83	截煤	19.94～20.98	截岩
2#	*X*	70.25～83.71	截煤	118.38～137.67	截岩
	Y	23.43～24.03	截煤	24.40～25.61	截岩
3#	*X*	−49.28～−59.19	截煤	−26.62～−45.15	截岩
	Y	23.63～24.64	截煤	20.65～22.35	截岩
4#	*X*	45.28～58.76	截煤	65.49～81.44	截岩
	Y	21.04～22.20	截煤	23.04～−24.59	截岩

3.8　本章小结

通过分析采煤机截割部摇臂壳体和齿轮传动系统的结构与参数，综合考虑了摇臂壳体的弹性变形、多级齿轮间的啮合特性，建立了截割部刚柔耦合动力学分析模型，仿真研究了滚筒交变载荷作用下采煤机截割部的动态特性。通过仿真结果获取了能够反映滚筒载荷变化的摇臂变形敏感位置，确定了摇臂变形应变传感器的最佳安装位置；获取了多级传动的齿轮啮合力分布规律，得出了距离滚筒最近的齿轮轴的载荷变化特性更能代表滚筒的载荷变化特性，确定了滚筒扭矩测试传感器的最佳安装位置。

第4章　基于多传感器融合的滚筒载荷试验测试研究

4.1　采煤机滚筒载荷测试平台简介

采煤机滚筒载荷测试平台是1∶1模拟综采成套装备力学性能测试系统的重要组成部分。综采成套装备试验测试平台主要由模拟煤壁、采煤机、液压支架,刮板输送机、转载机等组成。

采煤机滚筒载荷测试平台是以MG500/1130-WD型滚筒采煤机为基础。把传感器安装在采煤机的截割部上。这些传感器主要包括:截齿载荷感知传感器、摇臂惰轮轴载荷感知传感器、摇臂应变感知触感器、摇臂销轴感知传感器。测试系统通过在螺旋叶片尾部安装无线传感器模块对截齿传感器数据采集,在摇臂采空侧安装无线传感器模块对摇臂应变、销轴传感器测定的数据进行采集与无线传输,实现对摇臂载荷的实时感知与数据采集传输。采煤机滚筒载荷感知系统如图4.1所示。

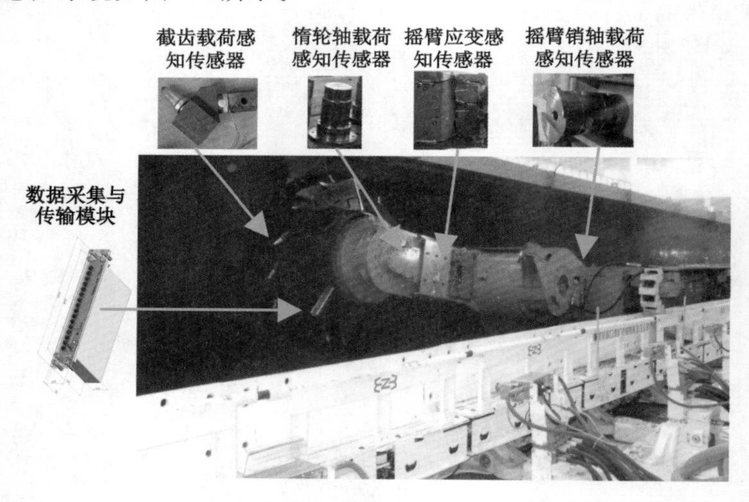

图4.1　采煤机滚筒载荷感知系统

试验用模拟煤壁主要由煤骨料、水泥、水组成。其中,煤骨料分为粗、细两种,取自山西大同地区。煤粗骨料粒径范围为5～50 mm,表观密度为1 420 kg/m^3。煤细骨料模数为3.16 mm,表观密度为1 340 kg/m^3。水泥选用唐山盾石牌冀东PC32.5复合水泥,水泥密度为3 090 kg/m^3。模拟煤壁材料配合比,如表4.1所示。

表4.1 模拟煤壁材料配合比

模拟煤壁材料配合比/(kg/m³)			
水	水泥	煤细骨料	煤粗骨料
200	220	410	540

工作面煤壁浇筑长度为70 m、高度为3 m、厚度为4 m。在工作面中,0~35 m位置的模拟煤壁的坚固性系数为普氏硬度F3,35~70 m位置的为普氏硬度F4。

4.2 截齿截割载荷测试与分析

综合考虑煤层的各种性质、截齿的外形、截割时的切煤厚度和工作中相互碰撞产生的矿井压力等因素,并考虑采煤机切割煤岩物质的物理特点,根据采煤机滚筒截齿排列及截齿安装形式,在不影响采煤机滚筒截齿截割特性的基础上,对原有截齿进行改造。改造后的截齿三向载荷传感器,如图4.2所示。

图4.2 改造后的截齿三向载荷传感器实物图

将测试齿座的4个圆凹槽分别命名为槽1、槽2、槽3、槽4。为了便于对三向载荷进行区分,槽1、槽2中粘贴的应变计用于测量截齿在X、Z方向的载荷;槽2、槽4中粘贴的应变计用于测量截齿在Y方向的载荷。其中,槽1至槽4内各粘贴一片90°半桥应变计。为了测试截齿扭转力矩,加装45°应变花。每个应变计及应变花各引出3条信号线。3条信号线接入应变采集测试系统。共计有15根引线。截齿应变计信号线定义如表4.2所示。

表4.2 截齿应变计信号线定义

应变计粘贴位置		应变计对应信号线
槽1	90°半桥应变计	1号线
槽2	90°半桥应变计	2号线
槽3	90°半桥应变计	3号线
槽4	90°半桥应变计	4号线
	45°半桥应变花	5号线

为了保证截齿截割载荷测试的准确性，测试前对各截齿加载载荷进行标定工作。首先分别在截齿的齿尖位置加载 X、Y、Z 三方向载荷，然后测量各组应变计引线的输出量。截齿三方向载荷加载标定曲线如图 4.3所示。

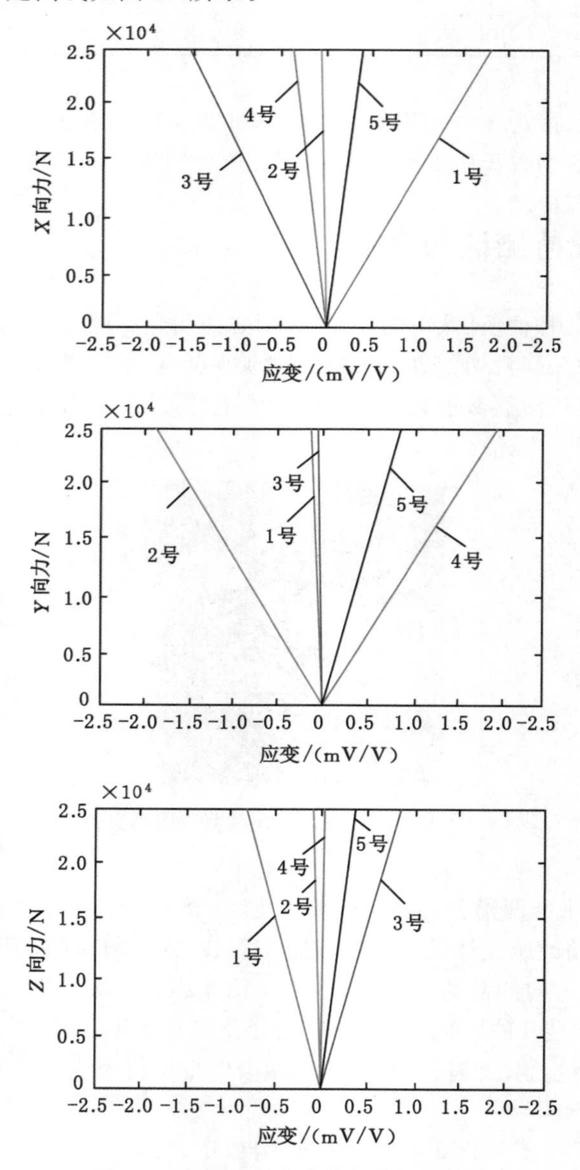

图 4.3　截齿三方向载荷加载标定曲线

根据图 4.3 所示结果，采用数值拟合方法对各曲线进行拟合，得到的标定公式为：

$$\begin{cases} F_X = 14.76X_1 + 13.48X_2 \\ F_Y = 0.619\,6(X_4 - X_2) - 5.452\,7 \\ F_Z = 31.98X_1 + 32.61X_3 \end{cases} \tag{4.1}$$

在滚筒螺旋叶片端部开无线应变采集模块空间，以安装无线应变采集模块，如图 4.4 所示。

图 4.4　滚筒截齿三向力传感器安装

为了采集并传输截齿传感器数据，对滚筒进行改造。在螺旋叶片端部预留数据采集与传输模块的安装位置。在滚筒的每个螺旋叶片端部(尾部靠近摇臂侧)开无线应变采集模块安装空间，以安装无线应变采集模块；在截齿齿座端安装应变计。截齿到螺旋叶片端部之间的导线安装是通过在螺旋叶片开小凹槽来实现的。通过导线接入对应的螺旋叶片端部的无线应变采集模块。无线应变采集模块存储数据。通过无线传输的方式将数据传输至无线网关。统一在采集终端接收信号，并把信号与其他被测量信号一起显示在显示屏上。试验结束后也可将无线应变采集模块中存储的数据导出，并进行分析。截齿数据采集与传输模块和截齿传感器安装如图 4.5 所示。

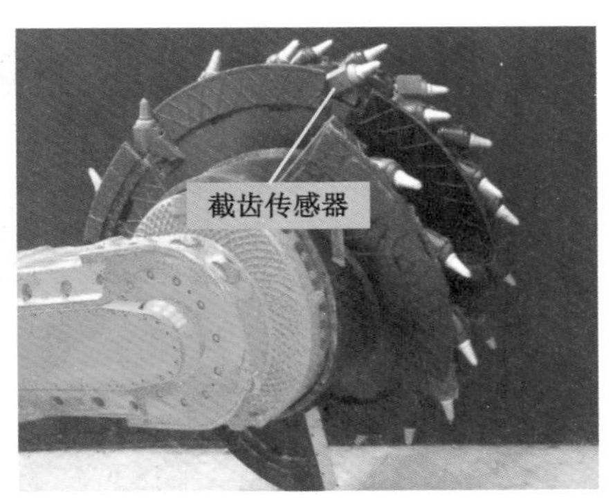

图 4.5　截齿数据采集与传输模块和截齿传感器安装

4.3 滚筒实时转速感知测试与分析

为了清晰地描述滚筒上截齿的工作状态，需要确定截齿的转动位置。为此，需要对滚筒的转速进行感知。采用非接触式的测量方法：在滚筒筒圈端部加装磁铁，在摇臂对应筒圈处安装霍尔传感器，以实现对滚筒的定位。滚筒实时转速随着截割煤岩的硬度以及采煤机行走速度等因素而实时变化。因此滚筒系统设计的转速不能作为实际转速。在考虑实际工况下，设计一种基于霍尔传感器的感知转速的方法。这种方法具体为：① 在行星减速器滚筒靠近摇臂的端部安装霍尔传感器，在滚筒端部等距离安装一个强磁铁，如图 4.6 所示。② 当滚筒旋转，磁铁旋转到霍尔传感器的对准位置时，霍尔传感器输出信号。③ 根据转速和起始位置确定每个截齿的空间位置。这种方法可以实现在滚筒转动时记录滚筒每转一周的时间，进而实现滚筒实时转速的测量。

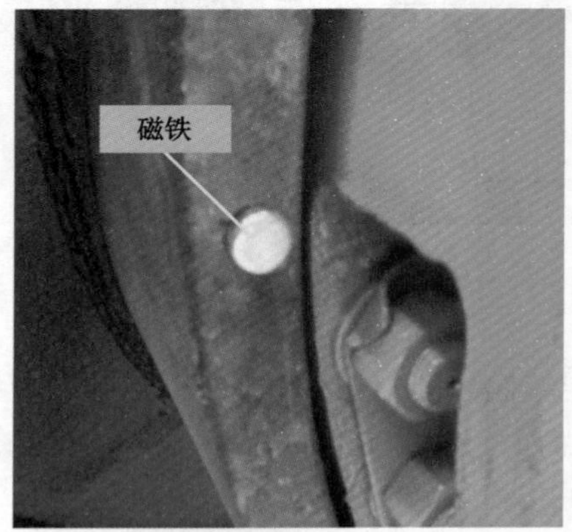

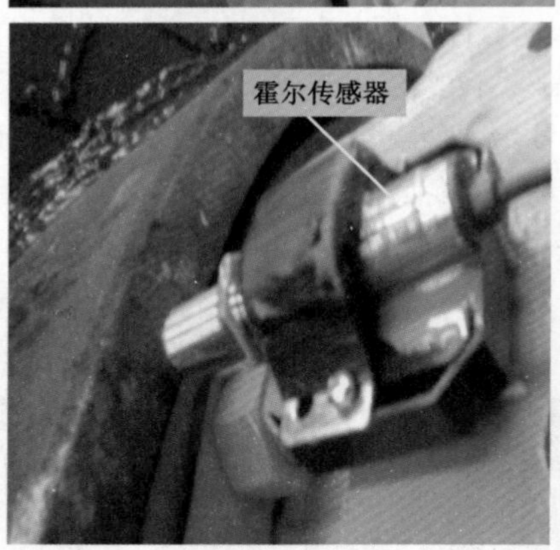

图 4.6　滚筒转速传感器安装

4.4 滚筒截割扭矩感知测试与分析

滚筒是采煤机的关键部件，主要完成截煤和装煤任务。在工作过程中，滚筒承受很大载荷。滚筒在截割过程中经常遇到不同硬度的煤岩。当遇到硬度较高的煤炭、岩石时，滚筒摇臂传动系统会因受到外部载荷冲击作用而处于严重超载工况，这时滚筒传动系统的扭矩会突然增大。若不及时调整其扭矩和转速，则容易使零部件受到损坏。通过测量滚筒的瞬态输出扭矩和转速，可以实时监测滚筒式采煤机的扭矩信息。如果滚筒式采煤机出现扭矩异常情况，就快速调整采煤机滚筒速度。这对于提高滚筒式采煤机运转可靠性和保护主传动系统具有重要意义。

滚筒转矩测试采用销轴传感器测试。在上述内容中，销轴传感器代替摇臂惰轮轴（靠近滚筒侧）。滚筒扭矩的测量是通过对摇臂惰轮轴的靠近滚筒侧的 6 号惰轮轴的径向力进行测量，如图 4.7 所示。6 号惰轮轴是固定不发生旋转的。通过定制与 6 号惰轮轴尺寸一致的销轴传感器来测量销轴受力，结合惰轮转速来计算滚筒扭矩。在不同状态下，分析滚筒扭矩与滚筒截深、转速、位置的对应关系。

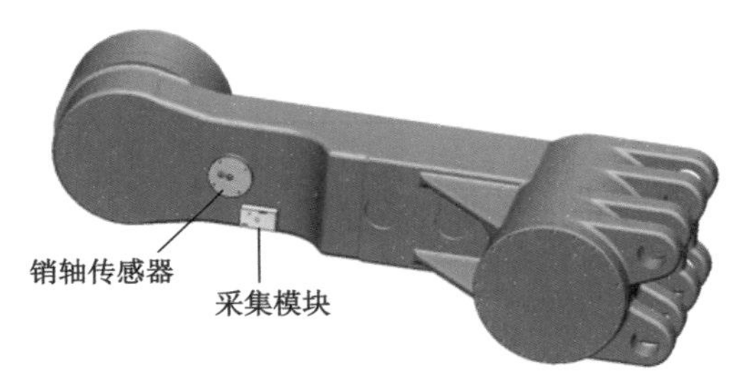

图 4.7　滚筒扭矩传感器和信号采集模块

滚筒扭矩测试时，通过销轴传感器将测试数据通过连接线缆发送到 SG404 型无线应变采集模块，再经无线通信方式将测试数据传输至数据采集终端，最终获得销轴受力信息。

如图 4.8 所示，在摇臂靠近电机侧开窗口安装无线应变采集模块，采用盖板进行密封处

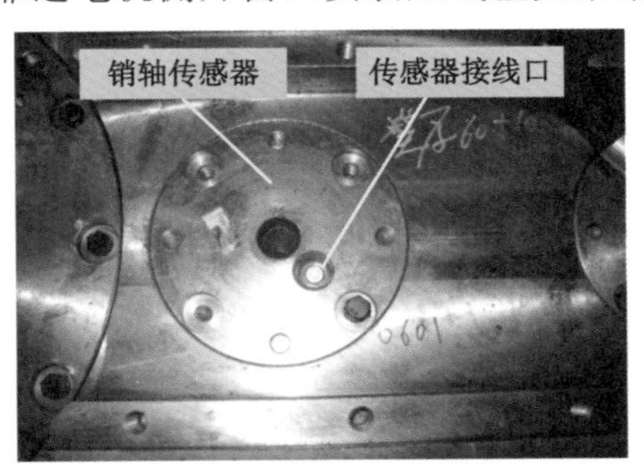

图 4.8　无线应变采集模块现场安装

理；预留充电、数据下载接口，并保证防水、能够无线通信；将安装在惰轮轴上的销轴传感器通过导线接入无线应变采集模块。整个系统开始采集测试数据后，无线应变采集模块存储数据。通过无线传输的方式将数据传输至无线网关。统一在采集终端接收信号，并把信号与其他被测量信号一起显示在显示屏上。试验结束后也可将无线应变采集模块中存储的数据导出，并进行分析。在摇臂靠近电机侧开窗口安装的无线应变采集模块为定制的无线应变采集模块。

惰轮轴传感器与采集模块对应连接如表 4.3 所示。

表 4.3　惰轮轴传感器与采集模块对应连接

序号	传感器名称	采集模块编号	传感器编号	位置
9/10	惰轮轴传感器	10127-1（Y 方向受力） 10127-2（Z 方向受力）	14020602	采煤机左侧

在安装惰轮轴传感器前，要对惰轮轴传感器载荷进行初始标定。惰轮轴传感器载荷加载标定曲线如图 4.9 所示。

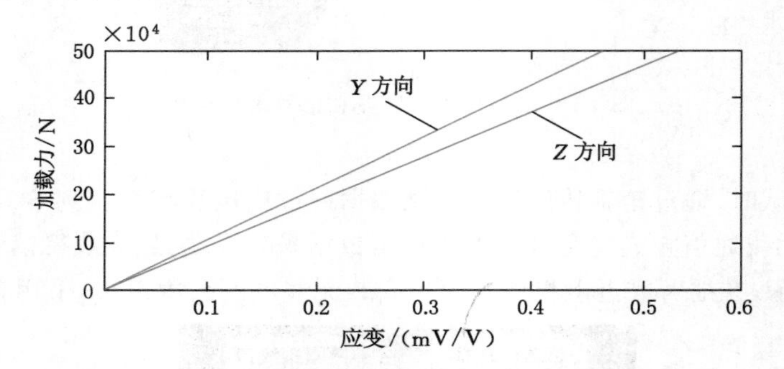

图 4.9　惰轮轴传感器载荷加载标定曲线

根据实际测定值得到的拟合公式为：

$$\begin{cases} y = 92.190\,2x - 0.026\,6 \\ z = 107.102\,1x - 0.185\,1 \end{cases} \tag{4.2}$$

根据 Z 方向数据得拟合公式为：

$$F_Z = 107.102\,1X - 0.185\,1 \tag{4.3}$$

式中，$X = \dfrac{0.624\,35 \cdot x}{1\,000 \cdot V_1}$；$x$ 为测试数值；V_1 为供电电压。

备注：此处零位为 0.000 1，故可忽略不计。Z 方向最大载荷为：−3.88 kN。

根据 Y 方向数据得拟合公式为：

$$F_Y = 92.190\,2X - 0.266 \tag{4.4}$$

式中，$X = \dfrac{0.624\,35 \cdot x}{1\,000 \cdot V_1}$；$x$ 为测试数值；V_1 为供电电压。

备注：此处零位为 0.000 1，故可忽略不计。Y 方向最大载荷为：3.061 kN。

4.5 摇臂连接销轴感知测试与分析

摇臂与连接架耳子处的销轴主要受到两个方向的力，包括径向力和轴向力。销轴的径向力由摇臂与连接架铰接处的销轴替换成的销轴传感器来进行测试。使用两种桥式输出模式的销轴传感器与采集模块相连接。通过无线通信技术将数据传输到采集终端，并将销轴的径向受力情况存储和显示。通过在端盖与销轴之间添加压力环传感器来监测销轴的轴向力，压力环传感器和应变采集模块相互连接，并通过无线通信方式把数据传输到数据采集终端，并将销轴的轴向受力情况存储和显示。摇臂与连接架销轴受力试验示意图如图 4.10 所示。

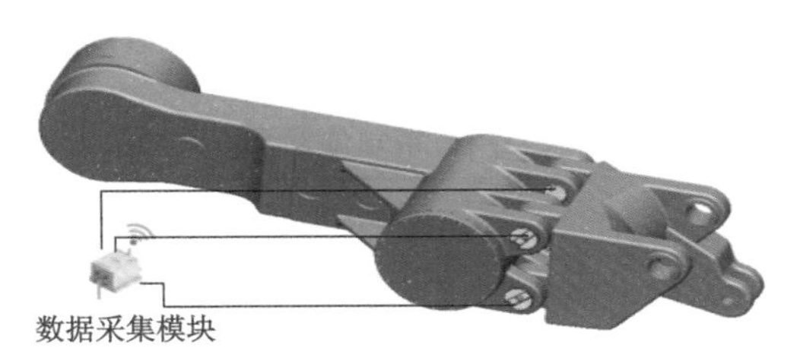

图 4.10 摇臂与连接架销轴受力试验示意图

在摇臂与连接架销轴受力测试系统中，将安装在销孔内的销轴传感器通过导线接入无线应变采集模块，无线应变采集模块用磁力座安装在采煤机机身的指定空间内。整个系统开始采集数据后，无线应变采集模块存储数据，并通过无线传输的方式，将数据传输至无线网关，并统一在采集终端接收数据信号，与其他被测量一起显示在显示屏上；可将无线应变采集模块中存储的数据导出，并进行分析。利用无线收发模块实现检测数据实时动态传输与共享。对销轴和压力环进行改造，在锻造构件时在其内部分别安装应变计形成销轴传感器与压力环传感器代替原有构件。连接架与摇臂销轴传感器安装图与接线图如图 4.11 和图 4.12 所示。

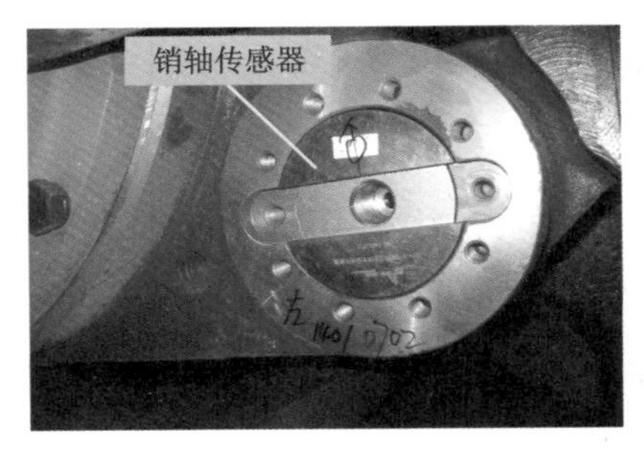

图 4.11 连接架与摇臂销轴传感器安装图

连接架与摇臂销轴位置及采集模块对应如表 4.4 所示。连接架与摇臂销轴 1 传感器和 2 传感器的 Z、Y 方向受力时分别连接编号为 10061 采集模块的 1～4 通道，连接架与摇臂销轴 3 和 4 传感器的 Z、Y 方向受力时分别连接编号为 10062 采集模块的 1～4 通道。采集模

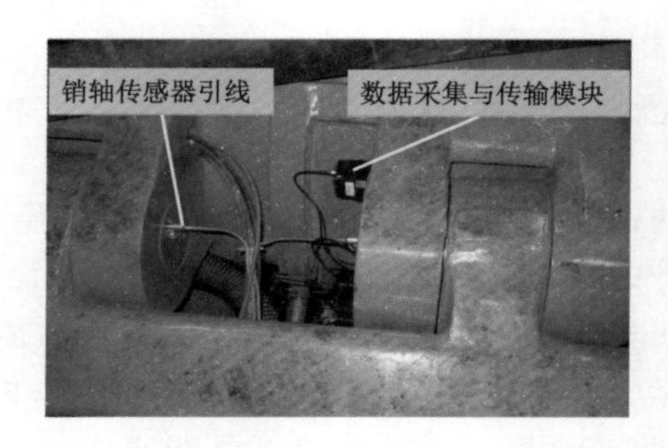

图 4.12　连接架与摇臂销轴传感器接线图

块设置选择全桥接线。电桥灵敏度为 0.624 35 mV/$\mu\varepsilon$。

表 4.4　连接架与摇臂销轴位置及采集模块对应

序号	传感器名称	采集模块编号	传感器编号	位置
14/15	连接架与摇臂销轴 1 传感器	10061-1(Z 向受力) 10061-2(Y 向受力)	14010601	煤壁侧 上销轴
16/17	连接架与摇臂销轴 2 传感器	10061-3(Z 向受力) 10061-4(Y 向受力)	14010602	煤壁侧 下销轴
18/19	连接架与摇臂销轴 3 传感器	10062-1(Z 向受力) 10062-2(Y 向受力)	14010701	支架侧 上销轴
18/19	连接架与摇臂销轴 4 传感器	10062-3(Z 向受力) 10062-4(Y 向受力)	14010702	支架侧 下销轴

连接架与摇臂连接销轴 1 传感器载荷加载标定曲线，如图 4.13 所示。

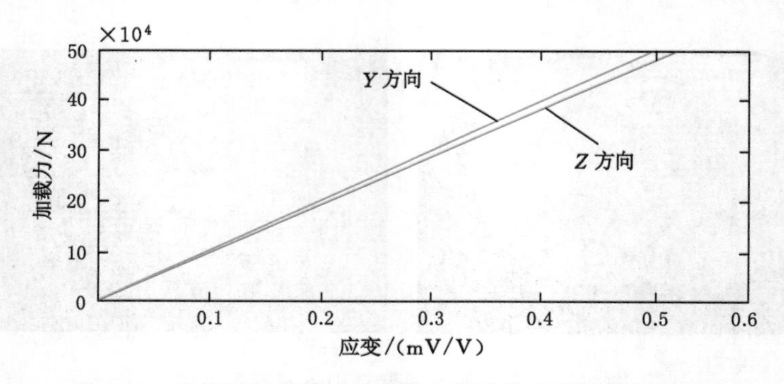

图 4.13　连接架与摇臂连接销轴 1 传感器载荷加载标定曲线

根据实际测定值得到的拟合公式为：

$$\begin{cases} y = 98.5048x - 0.1204 \\ z = 99.0524x + 0.0997 \end{cases} \tag{4.5}$$

进行销轴 1 传感器数据测试与分析。

根据 Y 方向测试数据得拟合公式为：

$$F_{LY,1} = 98.5048X - 0.1204 \tag{4.6}$$

式中，$X = \frac{0.62435 \cdot x}{1000 \cdot V_1}$；$x$ 为测试数值；V_1 为供电电压。

备注：此处零位为 0.000 1，故可忽略不计。Y 方向最大载荷为：−5.247 t。

根据 Z 方向测试数据得拟合公式为：

$$F_{LZ,1} = 99.0524X + 0.0997 \tag{4.7}$$

式中，$X = \frac{0.62435 \cdot x}{1000 \cdot V_1}$；$x$ 为测试数值；V_1 为供电电压。

备注：此处零位为 0.000 1，故可忽略不计。Z 方向最大载荷为：30.29 t。

根据上述方法得到其他三个销轴的拟合公式为：

$$\begin{cases} F_{LY,2} = 102.3486X - 0.3398 \\ F_{LZ,2} = 110.2947X - 0.3935 \\ F_{LY,3} = 118.4567X - 0.0003 \\ F_{LZ,3} = 107.1585X + 0.2517 \\ F_{LY,4} = 108.0584X - 0.2370 \\ F_{LZ,4} = 104.7180X - 0.1568 \end{cases} \tag{4.8}$$

4.6 摇臂变形感知测试与分析

根据第 3 章采煤机摇臂应变特性分析与粘贴位置的优化布置可知，摇臂关键截面应力应变测量是在摇臂较大的受力点布置应变计和应变花来测量摇臂关键截面的应力应变的。在试验中将对应位置的应变信号接入无线应变采集模块。通过无线通信方式把数据传输至数据采集终端。通过采煤机工作状态、不同截深、不同行走速度等数据分析采煤机摇臂关键截面应力应变情况。

在测试现场，确定摇臂关键截面处后，采用焊接式应变计和由 3 个焊接式应变计组成三片直角应变花，进行电焊安装并做防护处理；采用焊接式应变计组成桥路，并接入无线应变采集模块；无线应变采集模块统一安装在采煤机摇臂靠近截割电机的指定空间内。整个系统开始采集数据后，无线应变采集模块存储数据。通过无线传输的方式将数据传输至无线网关，并统一在采集终端接收信号，与其他被测量一起显示在显示屏上。可将无线应变采集模块中存储的数据导出，并对其进行分析。采煤机摇臂焊接式应变计实物图如图 4.14 所示。

由于采煤机摇臂体积庞大，粘贴应变计无法进行标定。根据采煤机工作过程中应变计的变化，得出关键截面的应力应变情况。无线应变采集模块与优化得出的应变采集点对应如表 4.5 所示。

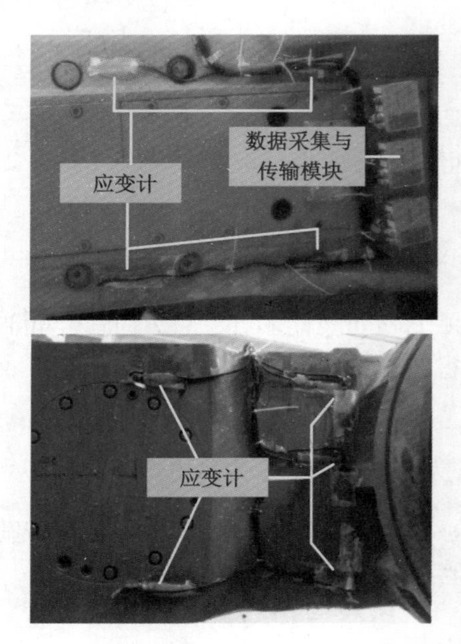

图 4.14　采煤机摇臂焊接式应变计实物图

表 4.5　无线采集模块与优化得出的应变采集点对应

名称	采集编号	位置编号
摇臂应变 1	10044-1	18-X
摇臂应变 2	10044-2	21-X
摇臂应变 3	10044-3	22-X
摇臂应变 4	10044-4	19-X
摇臂应变 5	10045-1	7-X
摇臂应变 6	10045-2	8-Y
摇臂应变 7	10045-3	8-X
摇臂应变 8	10045-4	11-X
摇臂应变 9	10036-1	9-Y
摇臂应变 10	10036-2	9-X
摇臂应变 11	10036-3	10-X
摇臂应变 12	10036-4	10-Y

4.6.1　试验测试过程

为了更为真实地获取滚筒工作过程中的滚筒载荷，在试验测试过程中严格按照采煤机在煤矿井下的截割工艺进行动作。分别进行采煤机在空载、满载及斜切进刀三种工况状态下不同速度时的受力测试。

如图 4.15 所示，采煤机行走截割过程从右侧开始进行。采煤机的初始位置在试验工作面的最右端。试验前首先利用液压支架的推移千斤顶对刮板输送机进行推溜工作，将刮板输送机推移成图 4.15 所示的状态(即 41 号至 26 号液压支架推移油缸为收缩状态)，此时刮板输送机与试验煤壁保持一个滚筒进刀距离。在 41 号至 26 号支架区域内采煤机滚筒不与煤壁接触，滚筒不截割煤壁，采煤机在刮板输送机上空载运行。25 号至 16 号架液压支架依次逐渐伸出，使刮板输送机的各中部槽逐渐向煤壁移动，其中 16 号液压支架已经与煤壁接触。在 41 号至 26 号液压支架区域内，随着采煤机的向左行走，采煤机滚筒逐渐开始截割煤壁。当采煤机运动到 16 号液压支架时，滚筒已经全部进入截割状态。该过程就是模拟采煤机的斜切进刀工艺。16 号至 4 号液压支架处于全伸出状态。在该区域内采煤机进行稳定的正常截割煤工艺。

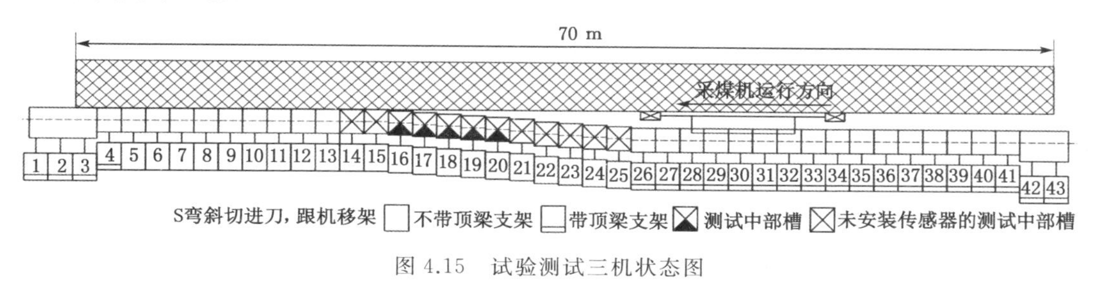

图 4.15　试验测试三机状态图

在试验测试过程中，在采煤机空载阶段牵引速度设为 2 m/min，检测在采煤机行走过程中各传感器是否正常工作；当采煤机行至 26 号液压支架后，继续以 3 m/min 速度行驶，采煤机开始进入斜切进刀截割过程。当采煤机由斜切进刀截割进入到正常截割时，采煤机仍然以 3 m/min 速度继续截割至煤壁最左侧，最终停止截割。整个测试数据采集总时间约 25 min，空载运行 17 min，截割煤壁过程 8 min。

4.6.2　试验结果分析

4.6.2.1　摇臂应变数据时域分析

图 4.16 所示为整个试验阶段除 8 号至 10 号测点外各传感器测到的应变曲线。0～420 s为直行空载工况，420～660 s 为重载下斜切进刀工况，660～860 s 为重载下直行截割工况。由图 4.16 可知：① 直行空载阶段各应变传感器测得数据基本无变化，应变曲线呈均匀直线状；该阶段摇臂仅承受重力和内部传动系统作用。由于传感器安装后对其数据进行清零，所以摇臂因截割滚筒及内部传动零件受重力导致的形变在此忽略不计。② 420 s 后采煤机逐渐进入重载下斜切进刀工况，此时截割滚筒开始逐渐接触煤壁。随着采煤机的前进，参与截割的截齿数不断变化，各传感器应变曲线开始呈无规则的剧烈波动。由于采煤机向左行驶斜切进刀，且机身通过导向滑靴与刮板输送机相连接，所以分析其受力状态，可将摇臂视为右端固定左端在 Z 轴方向受力的悬臂梁。此时煤壁侧摇臂壳体左端在纵壳方向(X 方向)呈拉伸状态，在采空侧方向呈压缩状态。因此煤壁侧测点应变曲线为正值，采空侧测点应变曲线为负值。受煤岩性质等因素影响，摇臂壳体受拉压情况并不稳定，因此个别测点应变曲线存在正负交替波动现象。③ 660 s 后采煤机逐渐进入重载下直行截割工况，

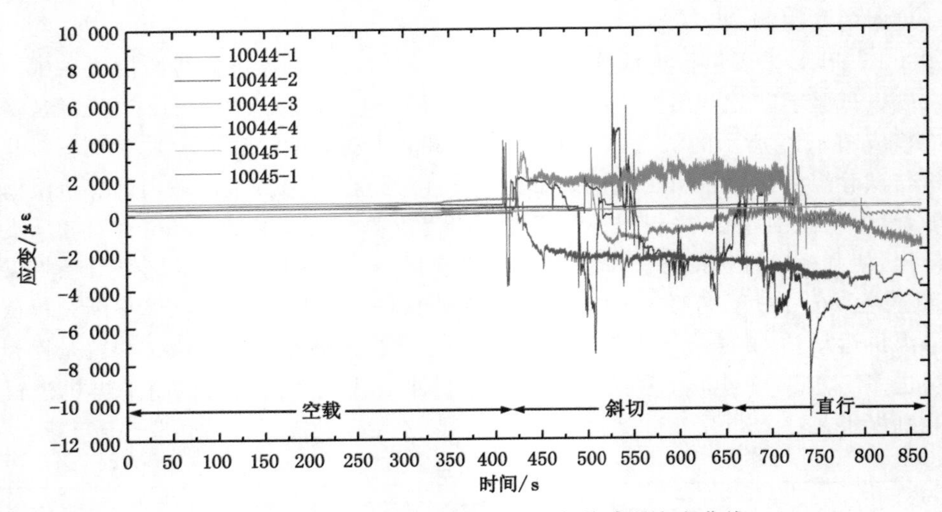

图 4.16　除 8 号至 10 号测点外各传感器应变曲线

各传感器测得数据基本趋于稳定，在一定范围内均匀波动。随着采煤机不断前进，左截割部截割滚筒逐渐与 X 方向平行。④ 采煤机完全进入直行截割状态后，采煤机摇臂整体受压，各传感器应变曲线变为负值直至试验结束。

图 4.17 所示为整个试验阶段 8 号至 10 号测点各传感器试验应变曲线。由于 8 号至 10 号测点同时布置两个互相垂直的应变传感器分别测量 X 方向应变与 Y 方向应变，所以对其按照式(4.9)进行合成处理获取该测点的弯曲应变。则 8 号至 10 号测点合应变曲线如图 4.18所示。

$$\varepsilon_i = \sqrt{\varepsilon_{ix}^2 + \varepsilon_{iy}^2} \tag{4.9}$$

式中，ε_i 为测点合应变，为正值；ε_{ix} 为测点 X 方向应变；ε_{iy} 为测点 Y 方向应变。

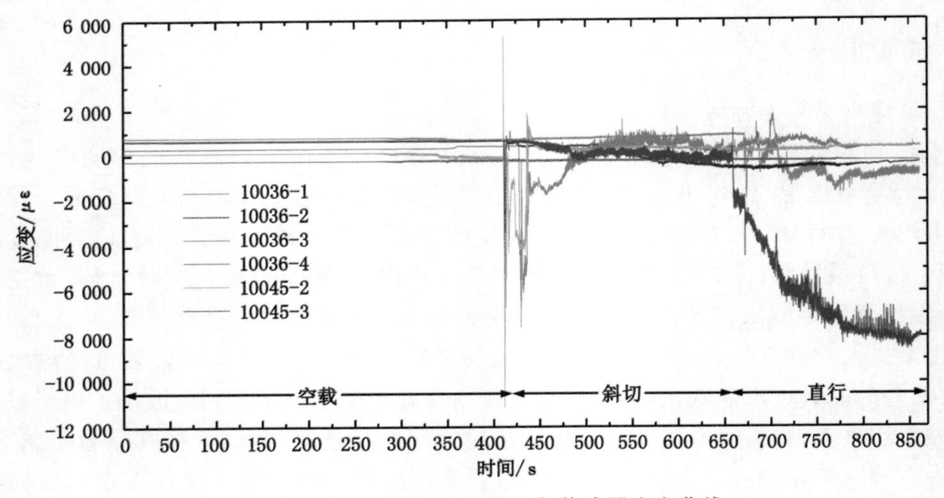

图 4.17　8 号至 10 号测点各传感器应变曲线

对比图 4.16 和图 4.17，各测点应变曲线规律与其他测点的基本相同。在直行空载阶

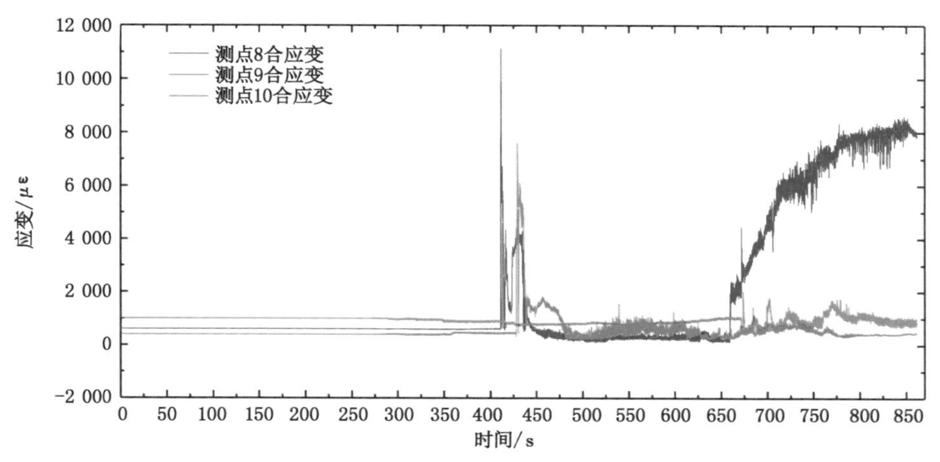

图 4.18　8 号至 10 号测点合应变曲线

段，各应变曲线基本无变化，且呈均匀直线状；进入重载斜切工况后，各应变突然增大并呈无规律剧烈波动；进入重载直行截割工况后，摇臂整体受压，各传感器应变值变为负值。分析图 4.18 测点合应变曲线，并与图 4.17 进行对比可以发现：8 号至 10 号测点在重载斜切阶段合应变曲线与对应测点 X 方向应变曲线基本吻合，而在重载直行阶段合应变曲线与对应测点 Y 方向应变曲线基本吻合，即在斜切阶段摇臂壳体传动低速区位置主要受 X 方向载荷影响，而进入直行阶段后该位置主要受 Y 方向载荷影响。该结论与两工况下摇臂壳体受力变形规律基本一致。

将斜切阶段摇臂两侧同列上下两个或三个应变传感器 X 方向应变数据进行叠加后生成如图 4.19 所示的斜切阶段采煤机摇臂 X 方向应变 3D 曲面图。按照离截割电机距离由

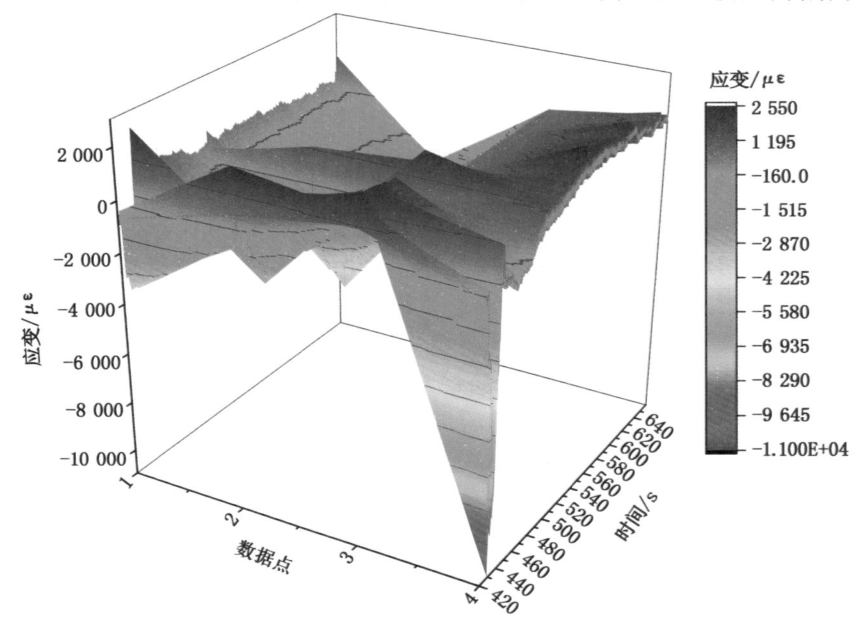

图 4.19　斜切阶段采煤机摇臂 X 方向应变 3D 曲面图

近及远原则，重新对数据排序，则 21 号测点与 22 号测点叠加所得数据点为 1 号；18 号测点与 19 号测点叠加所得数据点为 2 号；7 号测点与 11 号测点叠加所得数据点为 3 号；8 号测点、9 号测点与 10 号测点叠加所得数据点为 4 号。

分析图 4.19 可知，4 号数据点（即煤壁侧行星头位置）在进入斜切进刀的瞬间因突然受压变形，X 方向应变值迅速变为负值，此时采空侧三轴组件、四轴组件以及煤壁侧五轴组件处（即 1、2、3 号数据点）X 方向应变均为正值；随斜切进刀过程不断进行，3 号、4 号数据点 X 方向应变在正值区间内不断波动，而 1 号、2 号数据点 X 方向应变在负值区间不断波动，即采空侧各测点受压，煤壁侧各测点受拉。将微小形变放大到摇臂整体，则斜切进刀阶段摇臂整体在 ZX 平面横向摆动，即摇臂壳体振型与 1 阶位移模态振型相吻合。

直行阶段采煤机摇臂 Y 方向应变 3D 曲面图如图 4.20 所示。据此分析可知，进入重载直行阶段后摇臂 Y 方向应变整体趋于负值。8 号测点位于行星头处（处于三个测点最上方），受滚筒重力及截割阻力影响，该点受压形变程度远大于 9 号测点与 10 号测点的，该点应变值在负值区间存在较大波动。9 号测点及 10 号测点应变值在 1 800 $\mu\varepsilon$ 至 −2 380 $\mu\varepsilon$ 范围内进行微小波动。将微小形变放大到摇臂整体，则重载直行阶段摇臂整体在 XY 平面横向摆动，即摇臂壳体振型与 2 阶位移模态振型相吻合。

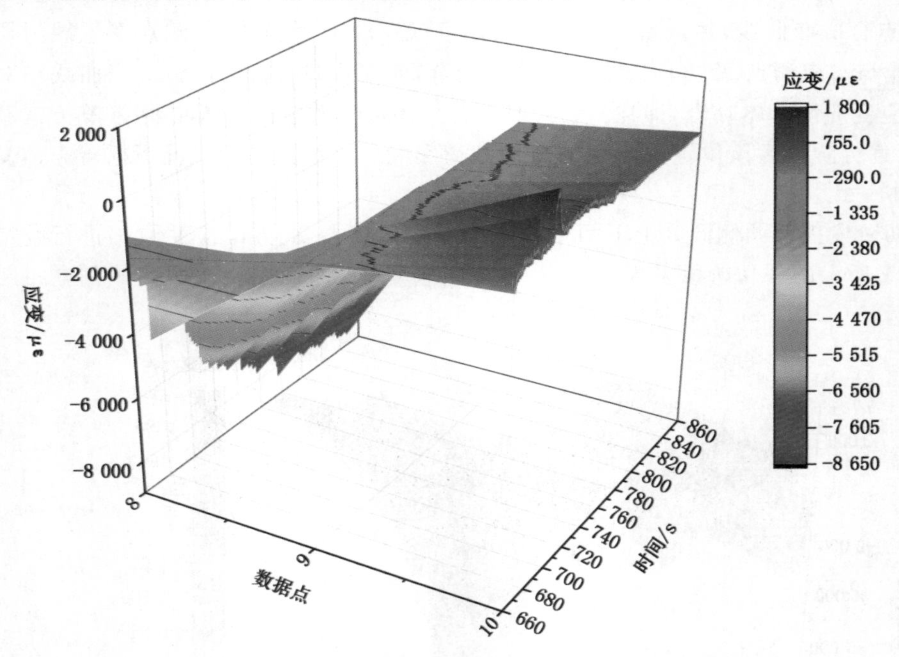

图 4.20　直行阶段采煤机摇臂 Y 方向应变 3D 曲面图

4.6.2.2　摇臂应变数据频域分析

采用快速傅立叶变换对重载下斜切进刀工况和重载下直行工况各测点应变响应做频谱分析（8 号至 10 号测点数据为合应变），得到如图 4.21 至图 4.29 所示的应变响应频谱图。

从应变响应频谱图可以看出，各测点主要频率成分基本相同，9 个测点应变频响均在 0～40 Hz范围内出现 2～4 个频率峰值。其中，0～10 Hz 频率信号的振幅是最大的，该频率符合滚筒三向截割载荷频率。除个别测点外，20 Hz 频率附近存在信号振幅峰值，该频率与

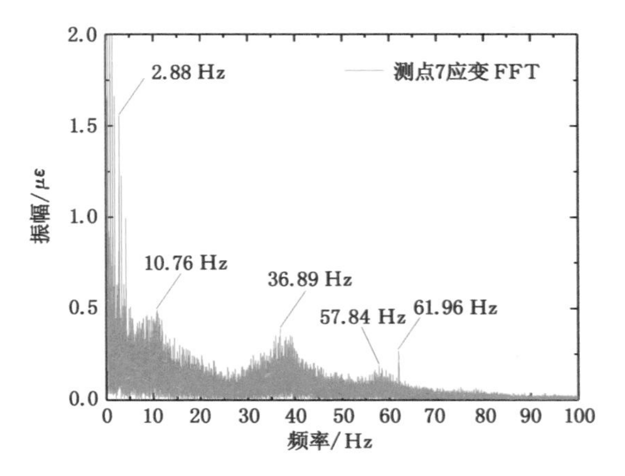

图 4.21　7 号测点应变响应频谱图

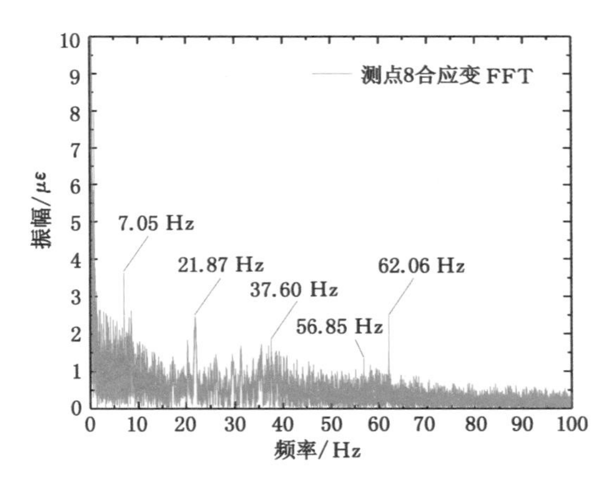

图 4.22　8 号测点合应变响应频谱图

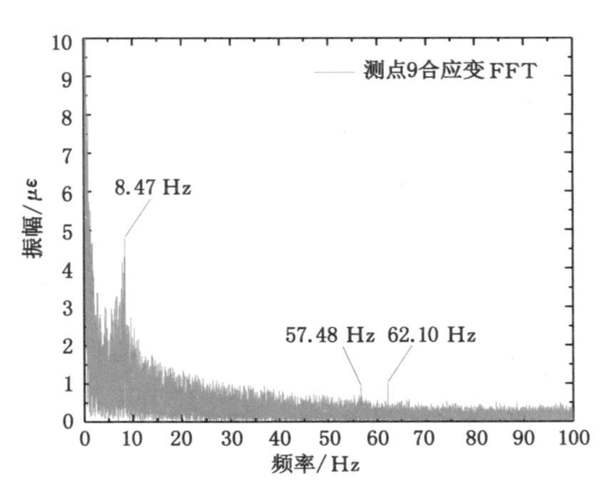

图 4.23　9 号测点合应变响应频谱图

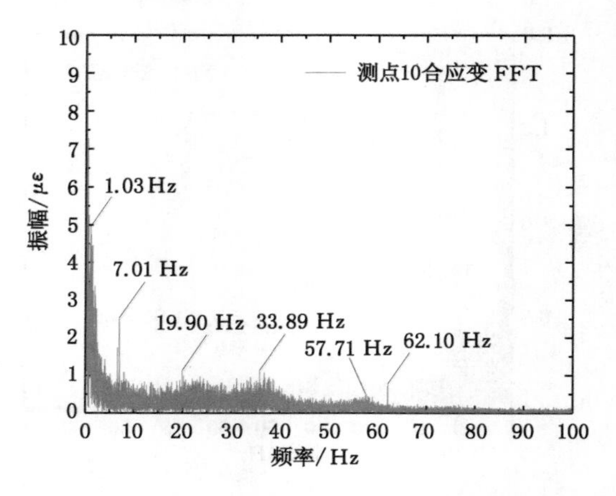

图 4.24　10 号测点合应变响应频谱图

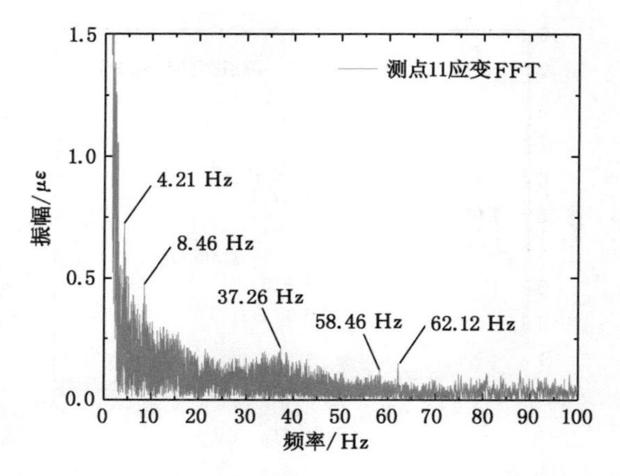

图 4.25　11 号测点应变响应频谱图

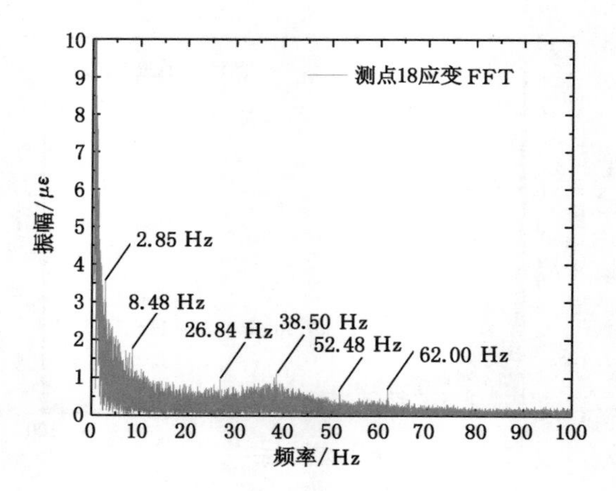

图 4.26　18 号测点应变响应频谱图

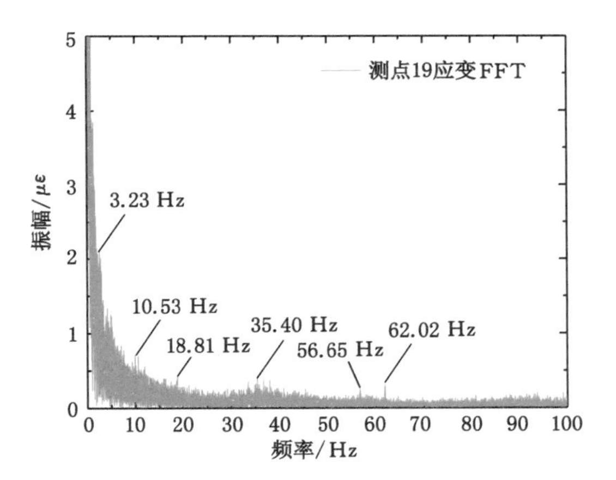

图 4.27　19 号测点应变响应频谱图

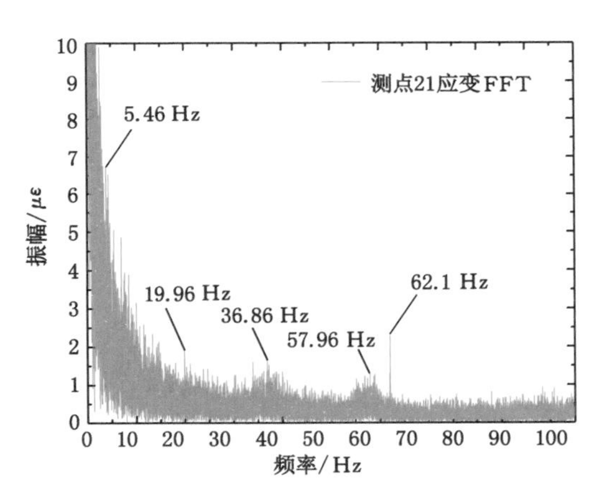

图 4.28　21 号测点应变响应频谱图

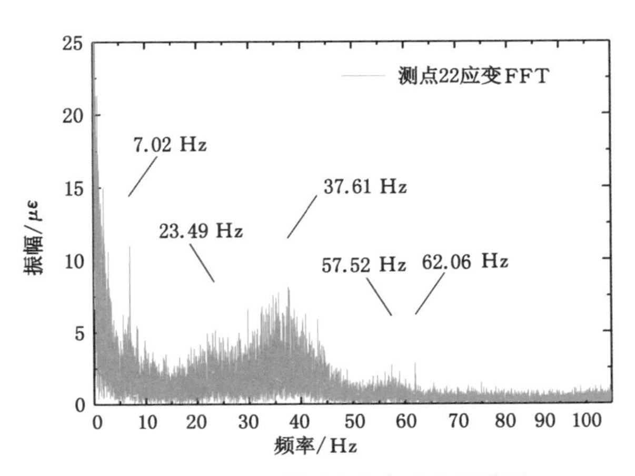

图 4.29　22 号测点应变响应频谱图

滚筒三向截割阻力矩及截割电机转频相符合。另外35 Hz附近共振峰值频率与齿轮传动系统行星机构啮合频率相接近,以上结果与第4章摇臂振动激励源分析结果基本一致。

所有测点在60 Hz左右均出现振幅峰值,统计峰值处频率并与摇臂前2阶模态频率对比如表4.6所示,可知试验所得摇臂1阶频率与仿真所得1阶频率误差范围为0.29%～9.72%,而试验所得摇臂2阶频率与仿真所得2阶频率误差范围为3.41%～3.65%,可以认为应变模态分析方法对摇臂低阶固有频率有较好的识别效果。

表4.6 试验频率与前2阶模态频率对比表

测点编号	7	8	9	10	11	18	19	21	22
频率/Hz	57.84	56.85	57.48	57.71	58.46	52.48	56.65	57.96	57.52
与1阶模态误差	0.50%	2.20%	1.12%	0.72%	0.57%	9.72%	2.55%	0.29%	1.05%
频率/Hz	61.96	62.06	62.10	62.10	62.12	62.00	62.02	62.11	62.06
与2阶模态误差	3.65%	3.50%	3.44%	3.44%	3.41%	3.59%	3.56%	3.42%	3.50%

(1) 截齿三向载荷受力分析:试验数据曲线如图4.30所示。由图中曲线可知,在斜切进刀过程中刚接触煤壁时滚筒 Y 方向受力较大,X、Y 方向受力相对较小,随着截齿进入煤壁后,X 和 Z 方向力开始加大,受力变化比较明显。

(2) 滚筒转数感知:试验测试采煤机滚筒转速曲线如图4.31所示。每次经过霍尔传感器就会产生一个脉冲信号。

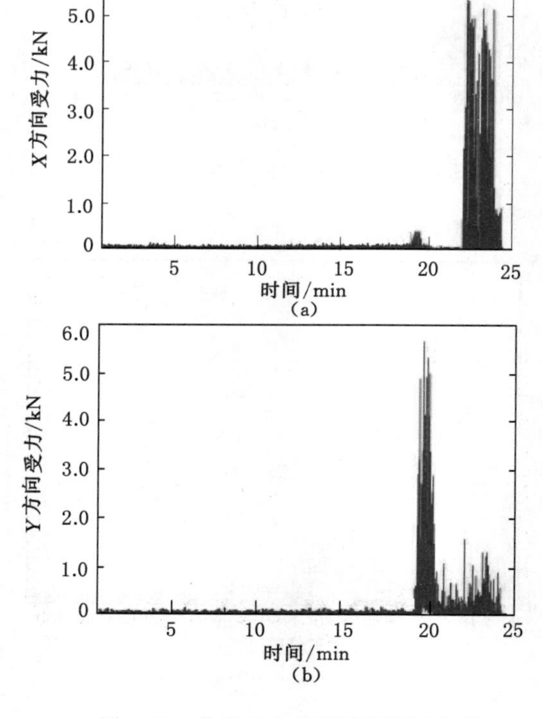

图4.30 截齿三向力传感器测试曲线

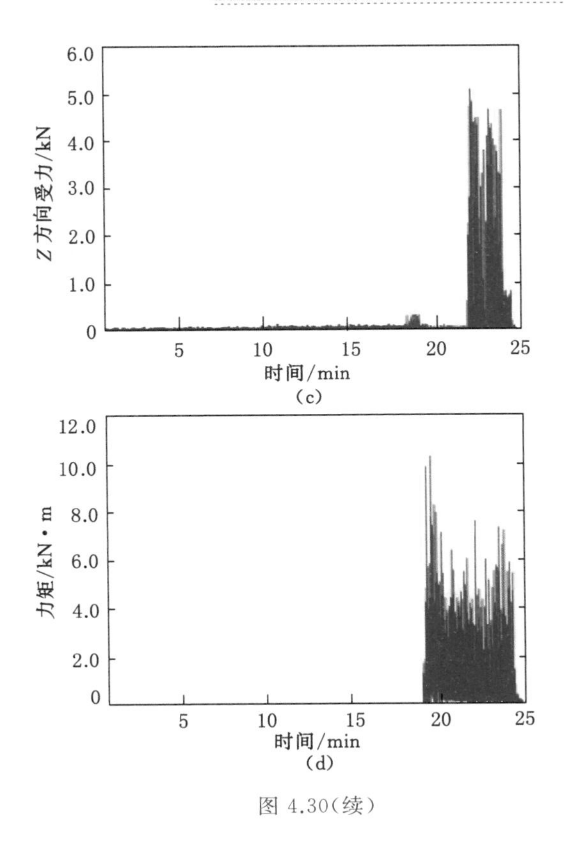

图 4.30(续)

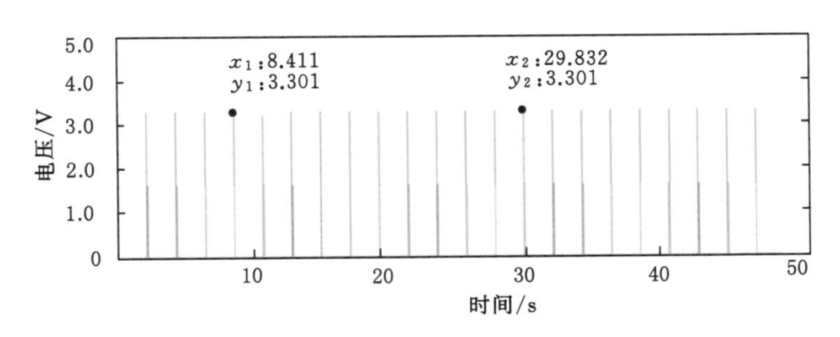

图 4.31 采煤机滚筒转速及滚筒传感器位置曲线

由图 4.18 曲线可知采煤机滚筒转速传感器测试数据，试验中转速测量节点编号 10141_1。曲线中 X 坐标差值为滚筒固定磁铁每两次经过霍尔传感器时间，为了提高计算精度，选取了 10 个周期来计算所以两次经过霍尔的时间 $T_{筒}$ 为：

$$T_{筒}=(x_2-x_1)/10=(29.832-8.411)/10=2.142\ \text{s}$$

经计算滚筒转速为 $n=60/2.142=28.01$ r/min，数据符合实际工况。

(3) 惰轮轴载荷感知：惰轮轴载荷测试结果如图 4.32 所示。0～18 min 为空载段，滚筒转动后惰轮轴在 Y、Z 方向上的载荷分别均接近 10 000 N 左右，虽然在该阶段内滚筒未参与截割，但是因为滚筒是旋转的，受滚筒转动惯量的影响，惰轮轴必然承受一定的载荷，当采煤机的滚筒刚开始截割时，滚筒受到了一定阻力载荷，所以此阶段惰轮轴反向的冲击，导致了惰轮轴 Y、Z 向的载荷减小，18～24.5 min 为截割煤岩过程，当滚筒完全进入截割阶段后，因滚筒的截割进刀量相对恒定，所以这是滚筒的载荷较大，导致了惰轮轴载荷变大，由曲线可知，滚筒正常截割时，惰轮轴在 Y、Z 方向的载荷在 250 000 N 左右波动。

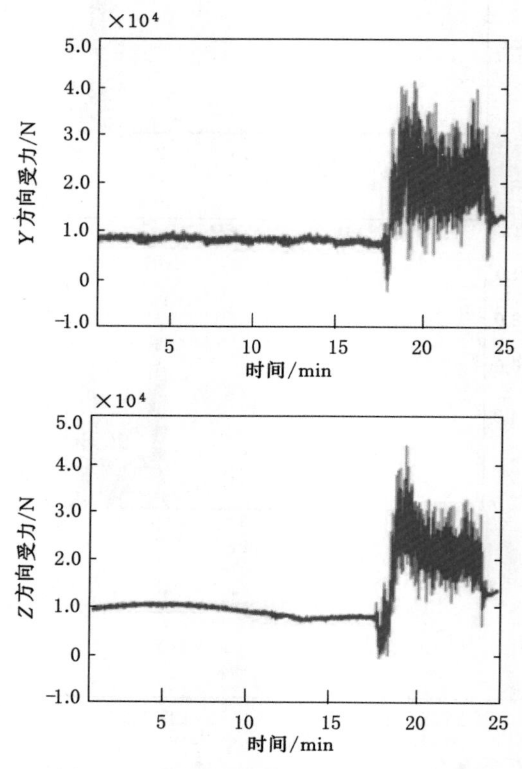

图 4.32 惰轮轴传感器 Y/Z 方向载荷曲线

(4) 摇臂连接架销轴载荷感知：连接架与摇臂各连接销轴传感器测试曲线如图 4.33～图 4.36 所示。采煤机滚筒未参与截割过程，连接架销轴主要承受的截割部的重量，这时 4 个连接销轴在 Y、Z 方向的受力相对平稳，仅出现了微小的变化，这是因为采煤机行走过程中，刮板输送机是波动不平的，引起摇臂产生振动而引起的。

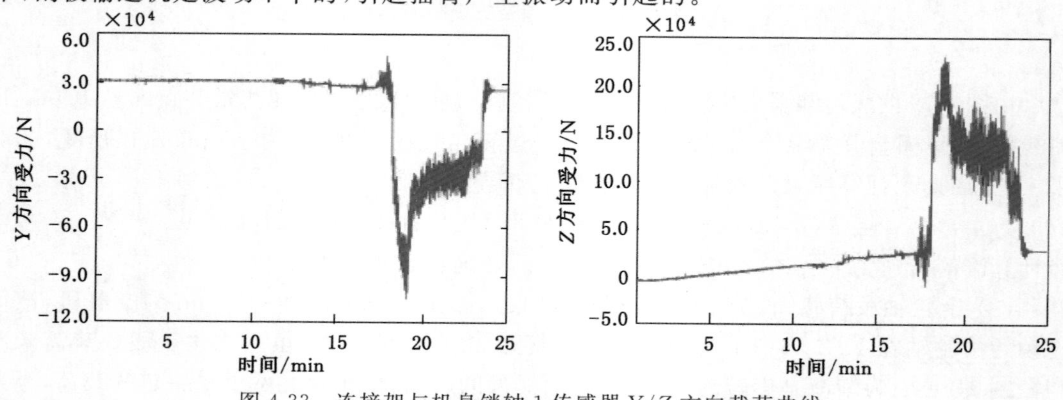

图 4.33 连接架与机身销轴 1 传感器 Y/Z 方向载荷曲线

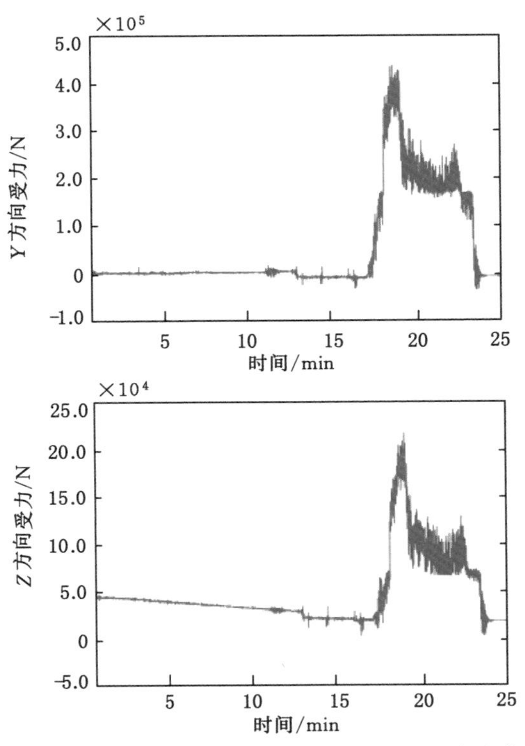

图 4.34　连接架与机身销轴 2 传感器 Y/Z 方向载荷曲线

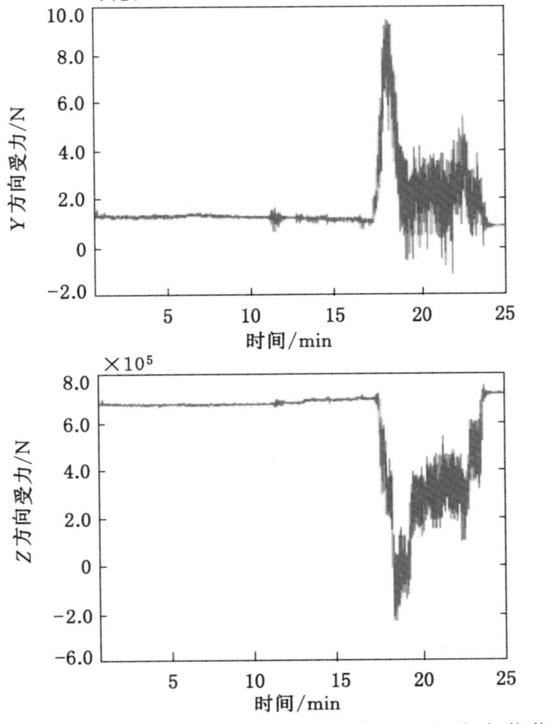

图 4.35　连接架与机身销轴 3 传感器 Y/Z 方向载荷曲线

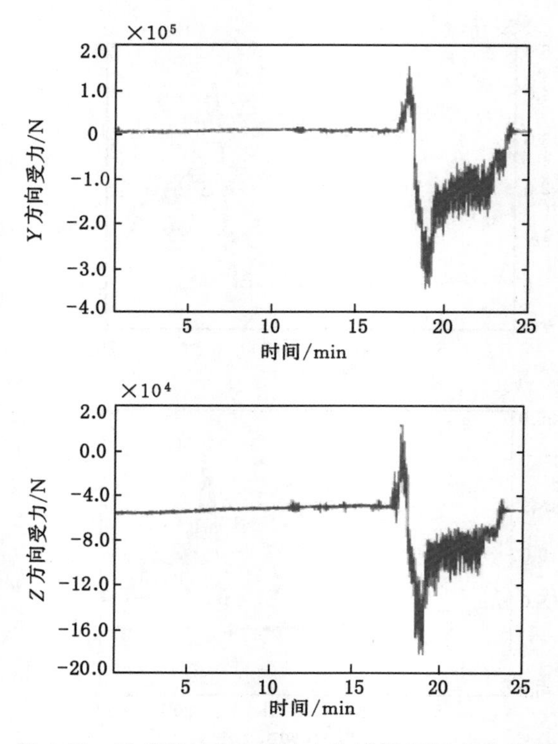

图 4.36　连接架与机身销轴 4 传感器 Y/Z 方向载荷曲线

4.7　本章小结

以综采工作面的三机成套装备为基础，通过第 2、3 章多传感器感知方法与技术，发明研制了采煤机截割部截齿三向载荷感知传感器、滚筒转速感知传感器、摇臂惰轮轴载荷感知传感器、摇臂与连接架销轴载荷感知传感器；通过无线采集与传输模块，实现了截割部关键零部件工作载荷的实时在线测量，获得了采煤机在空载、斜切、正常截割三种工况下的试验数据，为采煤机截割部滚筒载荷辨识与预测提供了基础数据。

第5章 基于多传感器的滚筒载荷特征识别研究

5.1 基于独立成分和小波分析的信息提取方法概述

独立成分分析(independent component analysis,ICA)是一种基于数理统计的信号处理方法,用于揭示测试数据或信号中的隐藏部分。采用CIA时,假设每个源信号之间是相互独立且线性瞬时混合的,通过构造一个分离矩阵,使观测信号经分离矩阵后的输出信号之间关联性最小,从而实现分离源信号的目的。

ICA算法广泛应用于信号特征的提取。Fast ICA算法适合处理大规模的数据。

ICA算法成立的前提条件或约束条件包含如下三个条件:

(1) 所有的独立元成分必须假定在统计上是相互独立的。

(2) 所有的独立元成分必须具有非高斯性的分布。

(3) 假定计算中的混合矩阵是方阵,并且可逆。

ICA算法的不确定因素包含如下两个因素:

(1) 独立元成分的能量是不确定的,即分解后其幅值的大小是随机的。

(2) 独立元成分分解后的顺序是随机的。

5.1.1 信息数据的白化处理与正则化

如果对观测到的混合向量做白化或球面化处理,就可以在一定程度上简化ICA算法的问题。若向量$\boldsymbol{z}=[z_1,\cdots,z_n]^{\mathrm{T}}$均值为零,则将其称为是“白的”。

若各元素z_i是不相关的,且具有单位方差,

$$E\{z_i z_j\}=\delta_{ij} \tag{5.1}$$

则采用协方差矩阵的形式表示单位方差为$E\{\boldsymbol{z}\boldsymbol{z}^{\mathrm{T}}\}=I$,其中$I$为单位矩阵。最为熟知的是白噪声。元素$z_i$可以是一个时间序列,且在噪声序列中无时间上的相关性。

如果向量$\boldsymbol{z}$的密度是径向对称的且可以经过合适的缩放,那么它是球面的;反之,不成立。球面向量的密度不一定是径向对称的。如果给定n维随机向量$\boldsymbol{x}$,寻找线性变换V,使得变换后的向量$\boldsymbol{z}$满足公式(5.2),

$$\boldsymbol{z}=V\boldsymbol{x} \tag{5.2}$$

那么这个过程称为白化。

如果$\boldsymbol{D}_i=\mathrm{diag}(d_1,\cdots,d_n)$的对角矩阵是以$C_x$的特征值为对角元素,那么$\boldsymbol{D}_i$可线性白化变换为:

$$V=\boldsymbol{D}_i^{-\frac{1}{2}}\boldsymbol{E}^{\mathrm{T}} \tag{5.3}$$

只要特征值 d_i 是正的，这个矩阵就总是存在的。预先白化可以降低混合矩阵的维度，减少数据分离的难度，有效提高数据计算的速度。因此，白化是一个十分重要的预处理手段。

在 ICA 算法中，通常认为向量是正交的或标准正交的。但实际中迭代的算法并不能自动使向量成为正交的，因此需要在每步或在一定间隔的迭代后对向量进行正交化处理。例如，给定 n 维线性独立向量 $\boldsymbol{a}_1,\cdots,\boldsymbol{a}_m,m \leqslant n$ ，另一组 m 个正交的或标准正交的向量 $\boldsymbol{w}_1,\cdots,\boldsymbol{w}_m,\boldsymbol{w}_i$ 为 $\boldsymbol{a}_j$ 的某种线性组合。向量正交化处理的经典算法为格拉姆-施密特正交算法：

$$\begin{cases}\boldsymbol{w}_1=\boldsymbol{a}_1\\ \boldsymbol{w}_j=\boldsymbol{a}_j-\sum\limits_{i=1}^{j-1}\dfrac{\boldsymbol{w}_i^{\mathrm{T}}\boldsymbol{a}_j}{\boldsymbol{w}_i^{\mathrm{T}}\boldsymbol{w}_i}\boldsymbol{w}_i\end{cases} \tag{5.4}$$

若 $i\neq j$，则 $\boldsymbol{w}_i^{\mathrm{T}}\boldsymbol{w}_j=0$。在格拉姆-施密特正交算法中，若每一个 $\boldsymbol{w}_j$ 进一步用它的范数去除，则向量可变为标准正交的。

在使用对称正交归一化方法时，若新向量没有其他的约束，则在原始向量张成的子空间中存在多种正交基，且其解不唯一(任何矩阵 $\boldsymbol{WU}$，其中 $\boldsymbol{U}$ 是正交阵，都可以满足要求)。在这些解中，有一个特定的矩阵最接近矩阵 $\boldsymbol{A}$，则这个矩阵就是 $\boldsymbol{A}$ 向正交矩阵集合上的正交投影。这些类似于一个向量 $\boldsymbol{a}$ 的标准正交化，向量 $\boldsymbol{a}/\|\boldsymbol{a}\|$ 是 $\boldsymbol{a}$ 向单位范数向量集合(单位球面上)的正交投影。

在对称标准正交化中，为了避免矩阵的特征分解和求逆，可采用一些迭代方法。一个开始于非正交矩阵的 $\boldsymbol{W}(0)$，开始下列迭代

$$\begin{cases}\boldsymbol{W}(1)=\boldsymbol{W}(0)/\|\boldsymbol{W}(0)\|\\ \boldsymbol{W}(t+1)=\dfrac{3}{2}\boldsymbol{W}(t)-\dfrac{1}{2}\boldsymbol{W}(t)\boldsymbol{W}(t)^{\mathrm{T}}\boldsymbol{W}(t)w_i\end{cases} \tag{5.5}$$

迭代直到 $\boldsymbol{W}(t)^{\mathrm{T}}\boldsymbol{W}(t)\approx\boldsymbol{I}$ 为止。迭代的收敛性可以证明：矩阵 $\boldsymbol{W}(t)^{\mathrm{T}}\boldsymbol{W}(t)$ 和 $\boldsymbol{W}(t+1)^{\mathrm{T}}\boldsymbol{W}(t+1)=\dfrac{9}{4}\boldsymbol{W}(t)^{\mathrm{T}}\boldsymbol{W}(t)-\dfrac{3}{2}[\boldsymbol{W}(t)^{\mathrm{T}}\boldsymbol{W}(t)]^2+\dfrac{3}{4}[\boldsymbol{W}(t)^{\mathrm{T}}\boldsymbol{W}(t)]^3$ 具有相同的特征向量。其特征值的关系为：

$$d(t+1)=\frac{9}{4}d(t)-\frac{3}{2}d^2(t)+\frac{1}{4}d^3(t) \tag{5.6}$$

这个非线性标量迭代会由区间[0,1]收敛到1。在原始的归一化过程中，矩阵的特征值都趋于1，矩阵自身也趋于单位矩阵。只要在数据标准化过程中合适地选择范数，所有的矩阵特征值就都在这个区间内。

5.1.2 基于负熵的快速不动点算法

采用基于负熵的快速不动点迭代算法。首先讨论极大化的梯度算法。定义负熵近似为基础研究关于 w 的梯度，并考虑相应的标准化过程，则有：

$$E\{(\boldsymbol{w}^{\mathrm{T}}\boldsymbol{z})^2\}=\|\boldsymbol{w}\|=1 \tag{5.7}$$

通过上式可以得到以下的算法：

$$\begin{aligned}&\Delta\boldsymbol{w}\propto\gamma E\{\boldsymbol{z}g(\boldsymbol{w}^{\mathrm{T}}\boldsymbol{z})\}\\&\boldsymbol{w}\leftarrow\boldsymbol{w}/\|\boldsymbol{w}\|\end{aligned} \tag{5.8}$$

式中，$\gamma = E\{(\boldsymbol{w}^{\mathrm{T}}\boldsymbol{z})\} - E\{G(v)\}$，$v$ 为一个标准化的高斯随机变量，函数 g 是负熵近似式中函数 G 的导数，其期望值可以忽略。其中，参数 γ 的引入会使算法有一种自适应的特性。参数 γ 可以通过下式估计出来：

$$\Delta\gamma \propto \{(G(w^{\mathrm{T}}z) - E[G(v)]\} - \gamma \tag{5.9}$$

与峭度的情况相类似，存在一个比梯度算法更快的不动点算法。对应的，在 Fast ICA 中可以找到一个方向，即找到一个单位向量 $\boldsymbol{w}$，使得对应的投影 $\boldsymbol{w}^{\mathrm{T}}\boldsymbol{z}$ 的非高斯性达到极大化。非高斯性在这里可以用负熵的近似 $J(\boldsymbol{w}^{\mathrm{T}}\boldsymbol{z})$ 来度量。Fast ICA 实际上是一种用于寻找 $\boldsymbol{w}^{\mathrm{T}}\boldsymbol{z}$ 的非高斯性最大值的不动点迭代方案。这个方案可以通过近似的牛顿迭代法更严格的导出。

基于梯度方法，可以得出下面的迭代公式：

$$\boldsymbol{w} \leftarrow E\{\boldsymbol{z}g(\boldsymbol{w}^{\mathrm{T}}\boldsymbol{z})\} \tag{5.10}$$

在每次迭代之后还是要对 w 进行标准化。对上式的迭代进行调整：在上式中两边都加上 w 或乘以某个常数。在不改变对应不动点的情况下，可以得出：

$$\begin{aligned} &\boldsymbol{w} = E\{\boldsymbol{z}g(\boldsymbol{w}^{\mathrm{T}}\boldsymbol{z})\} \\ &(1+a)\boldsymbol{w} = E\{\boldsymbol{z}g(\boldsymbol{w}^{\mathrm{T}}\boldsymbol{z})\} + a\boldsymbol{w} \end{aligned} \tag{5.11}$$

通过选择 a，可以得出与峭度不动点算法具有相同收敛速度的算法。若 a 的选择合理，则 Fast ICA 算法就是一个近似牛顿法。牛顿法是一种快速算法。当牛顿法用于梯度算法时，牛顿法是一种最优化的方法，通常经过很少的几步就可以收敛。近似牛顿法的推导如下：

$\boldsymbol{w}^{\mathrm{T}}\boldsymbol{z}$ 的近似负熵的极大值通常在 $E\{G(\boldsymbol{w}^{\mathrm{T}}\boldsymbol{z})\}$ 的极点处取得。根据拉格朗日的条件，$E\{G(\boldsymbol{w}^{\mathrm{T}}\boldsymbol{z})\}$ 在约束 $E\{G(\boldsymbol{w}^{\mathrm{T}}\boldsymbol{z})\} = \|\boldsymbol{w}\|^2 = 1$ 条件下的极值，是在那些使得下面的拉格朗日乘子式的梯度为零的点处取得：

$$E\{\boldsymbol{z}g(\boldsymbol{w}^{\mathrm{T}}\boldsymbol{z})\} + \beta\boldsymbol{w} = 0 \tag{5.12}$$

采用牛顿法寻找拉格朗日乘子式的极值点，则拉格朗日子式的二阶导数为：

$$\frac{\partial F}{\partial \boldsymbol{w}} = E\{\boldsymbol{z}\boldsymbol{z}^{\mathrm{T}}g'(\boldsymbol{w}^{\mathrm{T}}\boldsymbol{z})\} + \beta\boldsymbol{I} \tag{5.13}$$

为了简化矩阵求逆，对上式的第一项进行近似。因为数据已经进行了球面化，所以可以对上式右边的第一项进行合理的近似，即：

$$E\{\boldsymbol{z}\boldsymbol{z}^{\mathrm{T}}g'(\boldsymbol{w}^{\mathrm{T}}\boldsymbol{z})\} = E\{g'(\boldsymbol{w}^{\mathrm{T}}\boldsymbol{z})\}I \tag{5.14}$$

此时梯度可以变成对角化的矩阵，可以进行简单求逆，则可以得到近似牛顿法的迭代算法：

$$\boldsymbol{w} \leftarrow \boldsymbol{w} - [E\{\boldsymbol{z}g(\boldsymbol{w}^{\mathrm{T}}\boldsymbol{z})\} + \beta\boldsymbol{w}]/[E\{g'(\boldsymbol{w}^{\mathrm{T}}\boldsymbol{z})\} + \beta] \tag{5.15}$$

对上式两边同时乘以 $\beta + E\{g'(\boldsymbol{w}^{\mathrm{T}}\boldsymbol{z})\}$ 后进行进一步简化。经过代数化简，可以得到：

$$\boldsymbol{w} \leftarrow E\{\boldsymbol{z}g(\boldsymbol{w}^{\mathrm{T}}\boldsymbol{z})\} - E\{g'(\boldsymbol{w}^{\mathrm{T}}\boldsymbol{z})\}\boldsymbol{w} \tag{5.16}$$

Fast ICA 算法的基本形式可以表述为：

(1) 对数据进行中心化使其均值为 0。

(2) 对处理后的数值进行白化处理，得到向量 $\boldsymbol{z}$。

(3) 选择一个具有单位范数的初始化向量 $\boldsymbol{w}$。

(4) 利用公式(5.16)对 $\boldsymbol{w}$ 的值进行更新，函数 g 的定义式为：

$$g_1(y)=\tanh(a_1 y)$$
$$g_2(y)=y\exp(-y^2/2) \tag{5.17}$$
$$g_3(y)=y^3$$

(5) 通过式 $\boldsymbol{w} \leftarrow \dfrac{\boldsymbol{w}}{\|\boldsymbol{w}\|}$ 对 w 值进行标准化。

(6) 若未收敛,则返回步骤(4)重新进行。

5.1.3 小波分析与载荷信号提取算法

连续小波变换的基本思想是在平移和伸缩下的不变性。对于丢失时间信息的信号,可以将其分解成空间和尺度的两个信号。小波分析在时域和频域中具有良好的局部化性质,可以采用精细的时间域或空间域对高频成分间划分,实现聚焦到对象的任意细节中。小波分析理论已经在信号处理、音频识别、设备故障诊断等领域中得到广泛应用。

如果 $\varphi(x)\in L^2(R)$ 的傅立叶变换 $\hat{\varphi}(w)$ 满足 $\sum_{j\in\mathbf{Z}}|\hat{\varphi}(2^{-j}w)|^2=1$,那么定义 $\varphi(x)$ 为小波函数,或小波母函数。经过这种作用方式后形成一小波函数族。分析后,其连续和离散形式分别为:

$$\varphi(a,b)=|a|^{-\frac{1}{2}}\varphi\left(\frac{x-b}{a}\right) \tag{5.18}$$

$$\varphi_{j,k}=2^{\frac{j}{2}}\varphi(2^j x-k)\quad (j,k\in\mathbf{Z}) \tag{5.19}$$

式中,a 和 b 及 2^j 和 $k/2^j$ 分别为伸缩因子和平移因子;$\mathbf{Z}$ 为整数集合。其中,离散正交小波函数族在小波分析中占主要,形成了平方可积函数 $f(x)$ 的一组正交基。$f(x)$ 的小波级数表示为:

$$f(x)=\sum_{j,k=-\infty}^{\infty}c_{j,k}\varphi_{j,k}(x) \tag{5.20}$$

定义在 L^2 上的积分小波变换为:

$$(W_\varphi f)(b,a)=|a|^{-\frac{1}{2}}\int_{-\infty}^{\infty}f(x)\,\overline{\varphi\left(\frac{x-b}{a}\right)\mathrm{d}x} \tag{5.21}$$

小波系数为:

$$c_{j,k}=(W_\varphi f)\left(\frac{k}{2^j},\frac{1}{2^j}\right) \tag{5.22}$$

对于平方可积的函数 $f(x)$,可将其分解为小波族 $2^{\frac{j}{2}}\varphi(2^j x-k)$ 的线性和。小波变换实际上就是对小波系数的研究,小波系数 $c_{j,k}$ 由小波变换在具有二进伸缩 $a=2^{-j}$ 的二进位置 $b=k/2^j$ 计算给出。在满足相容性的条件下,即 $C\varphi=\int_{-\infty}^{\infty}\frac{|\hat{\varphi}(w)|^2}{|w|}\mathrm{d}w<\infty$,函数由公式(5.20)复原为:

$$f(x)=\frac{1}{C\varphi}\iint_{IR^2}\{(W_\varphi f)(b,a)\}\left\{|a|^{-\frac{1}{2}}\varphi\left(\frac{x-b}{a}\right)\right\}\frac{\mathrm{d}a\,\mathrm{d}b}{a^2} \tag{5.23}$$

小波分析同样存在帕塞瓦尔恒等式,即:

$$<f,g>=\frac{1}{2\pi}<\overline{f},\hat{g}> \tag{5.24}$$

运用公式(5.24),小波变换又可以表示为:

$$(W_{\varphi}f)(b,a)=\frac{a\ |a|^{-\frac{1}{2}}}{2\pi}\int_{-\infty}^{\infty}\hat{f}(w)e^{ibw}\ \overline{\eta\left(a\left(w-\frac{w^{*}}{a}\right)\right)}\,dw \tag{5.25}$$

式中:$\eta(w)=\hat{\varphi}(w+w^{*})$ 。

上式表明:小波变换提供了同函数 $f(x)$ 相同的信息:

$$[b+at^{*}-a\Delta\varphi,b+at^{*}+a\Delta\varphi]\times\left[\frac{w^{*}}{a}-\frac{1}{a}\Delta\hat{\varphi},\frac{w^{*}}{a}+\frac{1}{a}\Delta\hat{\varphi}\right] \tag{5.26}$$

经分析可得,对于高频率 w^{*}/a,时窗 $a\Delta\varphi$ 变窄;对于低频率 w^{*}/a,时窗 $a\Delta\varphi$ 变宽。这种可调的时频窗能够适应信号频率的变化。正交小波函数的二进伸缩和平移形成了平方可积空间 L^2 的规范正交基,即有:

$$L^{2}=\text{span}[\varphi_{j,k}(x)] \tag{5.27}$$

当 j 一定时,$\varphi_{j,k}$ 构成了 L^2 上闭子空间 W_j 的正交基:

$$W_{j}=\text{span}[\varphi_{j,k}(x)]\quad(k\in\mathbf{Z}) \tag{5.28}$$

这样,空间 L^2 被分解为系列子空间 W_j 的直接和:

$$L^{2}=\cdots+W_{-2}+W_{-1}+\cdots \tag{5.29}$$

5.1.4　独立成分分析与小波分析的融合处理与算法验证

独立成分分析与小波融合处理算法流程如图 5.1 所示。其具体处理步骤为:

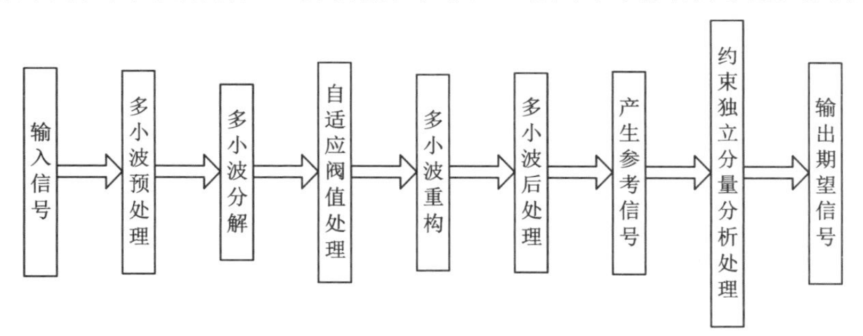

图 5.1　独立成分分析与小波融合处理算法流程

(1) 将输入的信号先进行多小波预处理,得出利于分析的有效信号的范围。

(2) 对于处理后的信号进行多小波分解,得出相应层数的信号。

(3) 对多小波分解后的信号进行自适应的阈值处理。

(4) 将阈值处理后的信号进行重构,得出多小波处理后的信号。

(5) 选取多小波处理后的信号为参考信号。

(6) 进行约束独立分量分析处理,得出处理的期望信号。

通过对混合仿真信号进行分析以验证多小波预处理的约束独立分量分析算法的分离性能和验证多小波预处理的约束独立分量分析算法的准确性。建立混合仿真信号的 5 个源信号数学表达式为:

$$\begin{cases} s_1 = \cos(2\pi f_1 t) \\ s_2 = \cos(2\pi f_2 t) \cdot \cos(2\pi f_3 t) \\ s_3 = \cos[2\pi f_2 t + 40\sin(60\pi t)] \\ s_4 = \mathrm{randn}(1, L) \\ s_5 = \mathrm{randn}(1, L) \end{cases} \tag{5.30}$$

在公式(5.30)中,5 个加速度源信号:s_1为频率 $f_1 = 0.5$ Hz 的余弦信号;s_2为 $f_2 = 20$ Hz 和 $f_3 = 45$ Hz 的调制信号;s_3为 $f_2 = 20$ Hz 和正弦信号复合调制信号;s_4、s_5为两个随机信号,信号源幅值均为 1。每个加速度信号源取 1 000 个样本点。5 个加速度源信号时域图如图 5.2 所示。

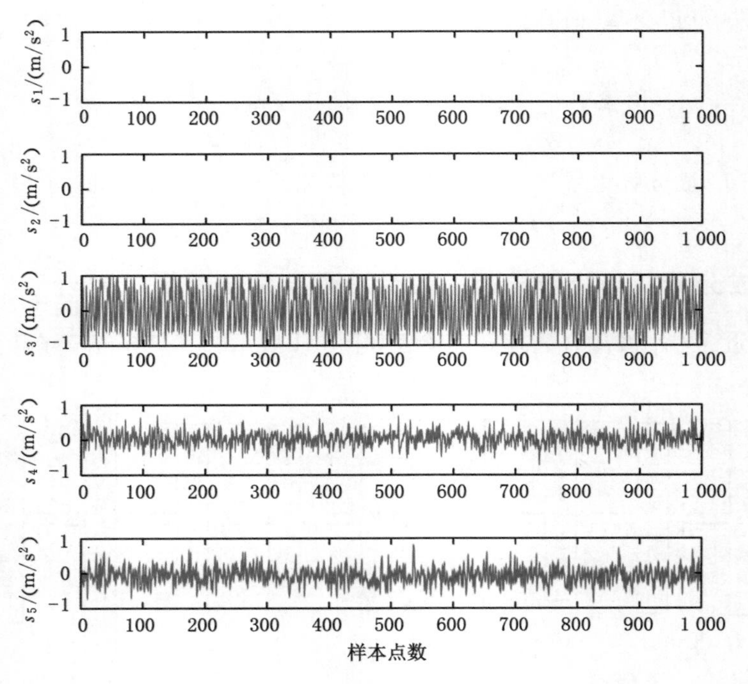

图 5.2　仿真信号源时域图

分别对上述 s_1、s_2、s_3、s_4、s_5等 5 个加速度源信号时域数据进行傅立叶变换处理,得到相应频域下的曲线如图 5.3 所示。

如图 5.3 所示,s_1、s_2和 s_3的频域图中能够清楚地观测出其信号的组成频率,反映了这些源信号的频域特征;s_4和 s_5由于是随机噪声信号,所以其频域特征相对混乱。仿真信号源混合信号图如图 5.4 所示。

在图 5.4 中,由于混合后的各个信号不同程度混合了其他源信号,所以在时域上无法明确观测出各个信号的特征,从图 5.4 中还可以看出源信号与其他信号之间的混叠。对混合后的 5 个信号进行多小波预处理的约束独立分量分析处理,得出混合信号的多小波预处理的约束独立分量分析分解时域信号图,如图 5.5 所示。

在图 5.5 中,多小波预处理的约束独立分量分析处理后的各个信号,在时域上能够较明显观测出各个信号的特征。对多小波预处理的约束独立分量分析处理后各个信号进行傅立

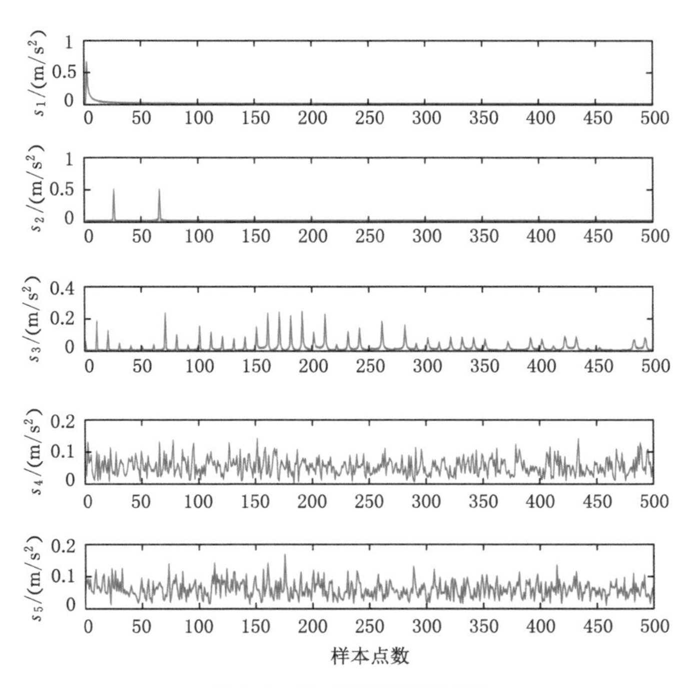

图 5.3　仿真信号源频域图

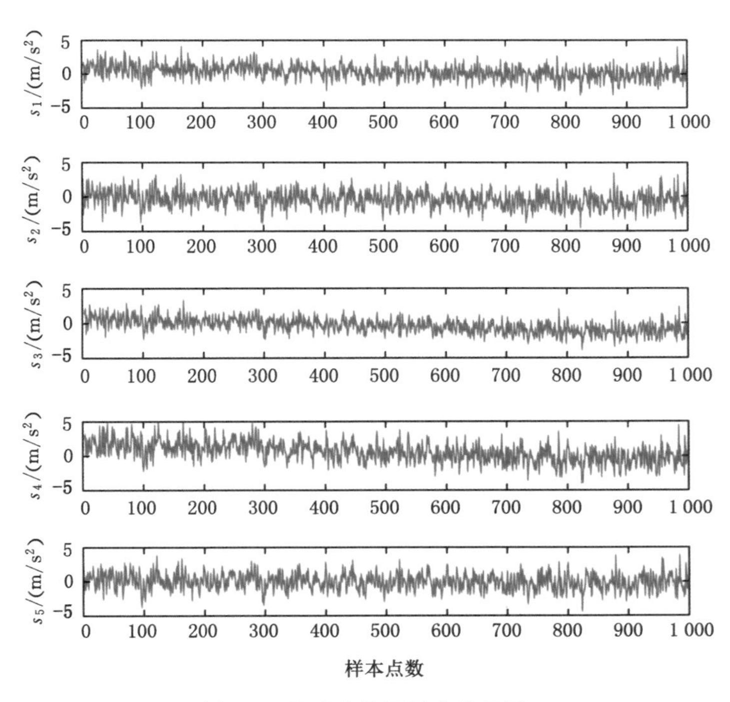

图 5.4　仿真信号源混合信号图

叶处理，得出多小波预处理的约束独立分量分析分解信号的频谱曲线，如图 5.6 所示。

经多小波预处理的约束独立分量分析处理后，各个独立的源信号被分离出来，其时域曲

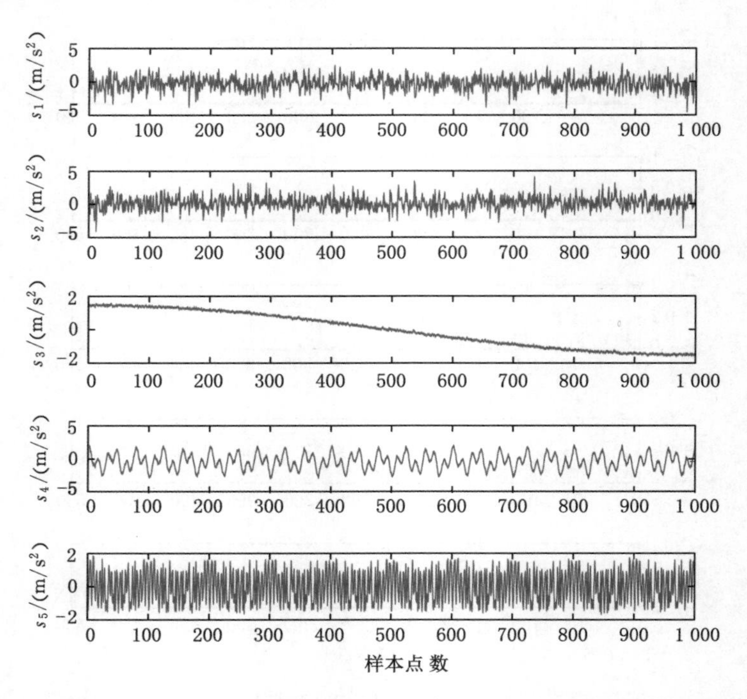

图 5.5　混合信号的多小波预处理的约束独立分量分析分解信号图

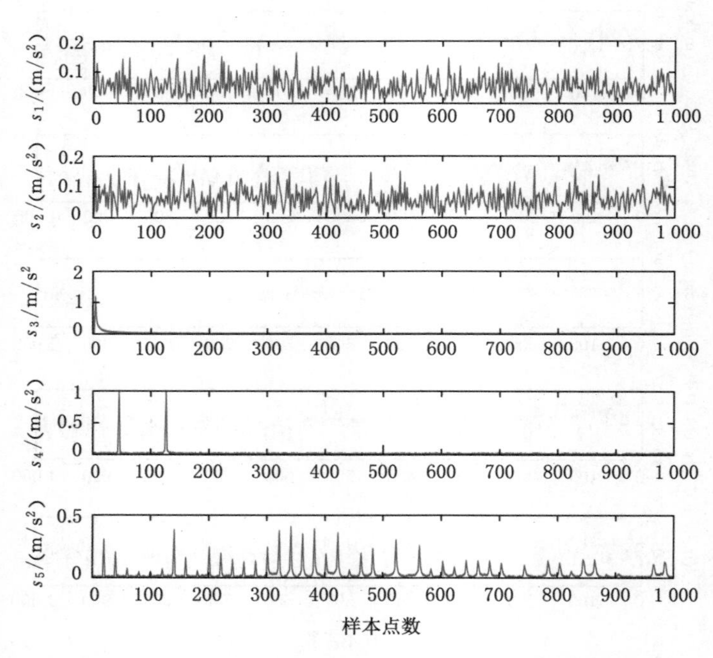

图 5.6　多小波预处理的约束独立分量分析分解信号频谱曲线

线和频域曲线与仿真信号的是几乎一致的。因此,采用多小波预处理的约束独立分量分析方法处理信号能够较好地对信号进行特征提取,减少噪声的干扰。

5.2　滚筒载荷与各传感器信息特征间关系研究

5.2.1　截齿三向载荷特征识别

由图 5.7 所示的截齿三向载荷测试曲线可知：截齿三向载荷具有较强的随机性和非线性，并伴随着一定的周期性变化规律。这是因为滚筒的转数是固定的。滚筒的转数为 28 r/min，所以滚筒的回转频率为 0.467 Hz。在工作过程中，当截齿旋转到采煤机行走方向前方时，截齿与煤岩间产生接触，这时截齿参与破岩；当截齿随着滚筒旋转到滚筒后侧时，截齿未参与截割煤岩，这时截齿三向载荷为 0 N。

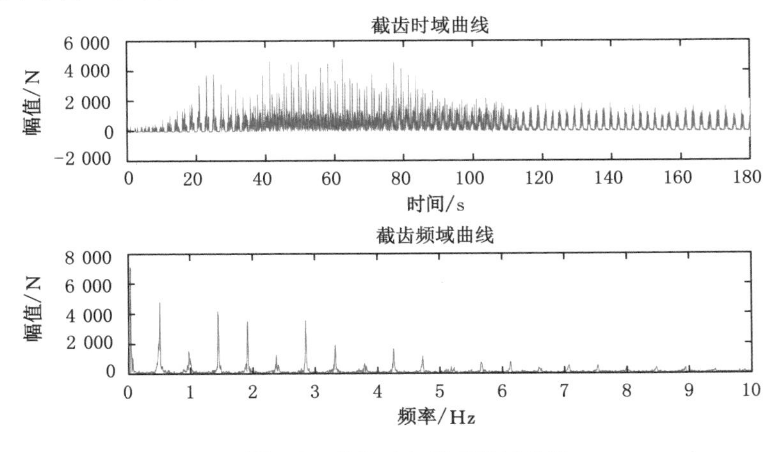

图 5.7　截齿三向载荷测试曲线

通过截齿三向载荷曲线可以得出：截齿三向载荷最大峰值处的频率为 0.467 Hz，其值与滚筒的回转频率相同；截齿三向载荷第二大峰值的频率为 1.401 Hz，恰好为滚筒回转频率的 3 倍；截齿三向载荷第三大峰值的频率为 1.87 Hz 左右。

由图 5.8 可知：随着滚筒开始截割煤岩，截齿载荷迅速增大；当滚筒进入稳定截割煤岩阶段，截齿载荷开始变得平稳；截齿载荷幅值在 500～1 000 N 间变化。

由图 5.9 可知：在滚筒 3、4 倍频下截齿载荷时域曲线中，在滚筒截割煤岩的起始阶段，截齿载荷幅值变化极为缓慢；当滚筒进入稳定截割煤岩阶段后，截齿载荷幅值要远大于起始阶段的；在滚筒截割煤岩的起始阶段，截齿载荷幅值又开始变小。对比图 5.8 与图 5.9 可知：两者变化规律恰好相反。

5.2.2　惰轮轴载荷特征识别

由图 5.10 可知：滚筒启动后，滚筒开始参与截割煤岩；在起始阶段，滚筒进刀量相对较小，摇臂传动系统中传动轴受到的载荷相对也较小；随着滚筒进刀量的增加，截齿载荷逐渐增加，传动轴受到的载荷也随之增加，并且出现传动轴受到的载荷方向变负的情况，说明此过程中载荷冲击较大；当滚筒稳定截割煤岩后，传动轴受到的载荷波动增加更为明显。

由频率曲线可知：第一峰值点对应的频率值为 0.467 Hz，第二大峰值点对应的频率值

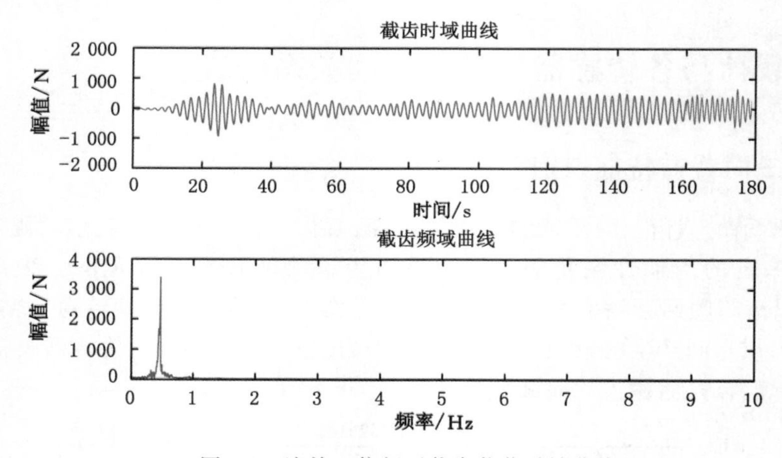

图 5.8 滚筒 1 倍频下截齿载荷时域曲线

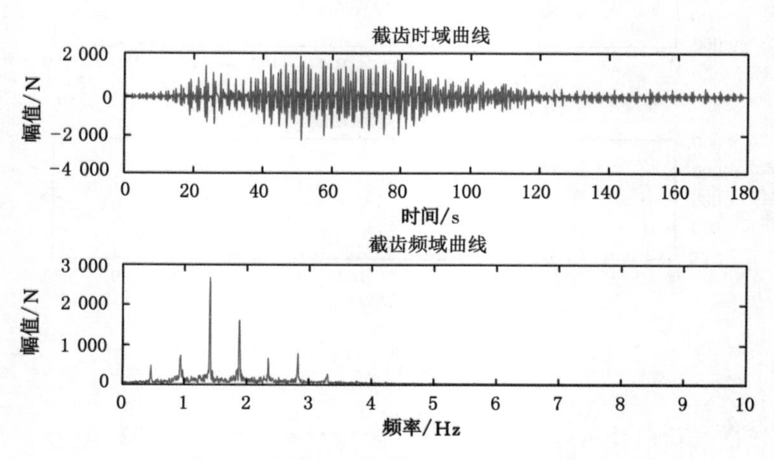

图 5.9 滚筒 3、4 倍频下截齿载荷时域曲线

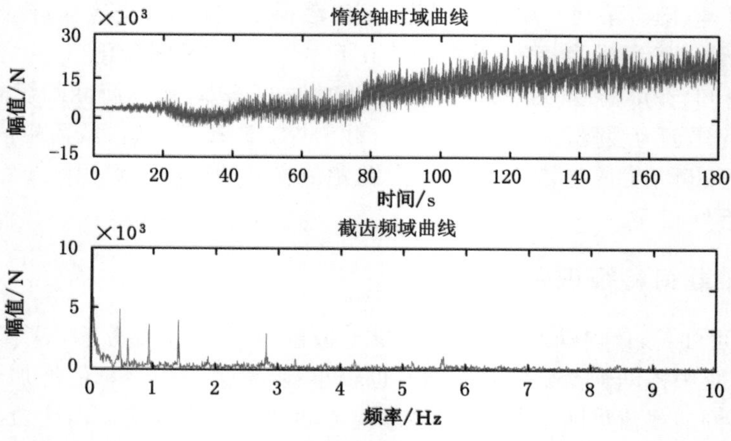

图 5.10 惰轮轴载荷时域曲线

为 0.934 Hz，第三峰值点对应的频率值为 2.8 Hz，恰好为滚筒回转频率的一倍频、二倍频、三陪频。

由图 5.11 可知：随着滚筒开始截割煤岩，惰轮轴载荷幅值开始逐渐增加；当滚筒进入稳定截割煤岩阶段后，惰轮轴载荷幅值在－10 000～10 000 N 之间变化；后期随着滚筒截深的变化，惰轮轴载荷幅值发生增长，其值在－20 000～20 000 N 之间变化。滚筒 1 倍频下惰轮轴载荷时域曲线的波峰与波谷间的差值变化趋势与图 5.12 中所示的实际测试曲线较为相似。

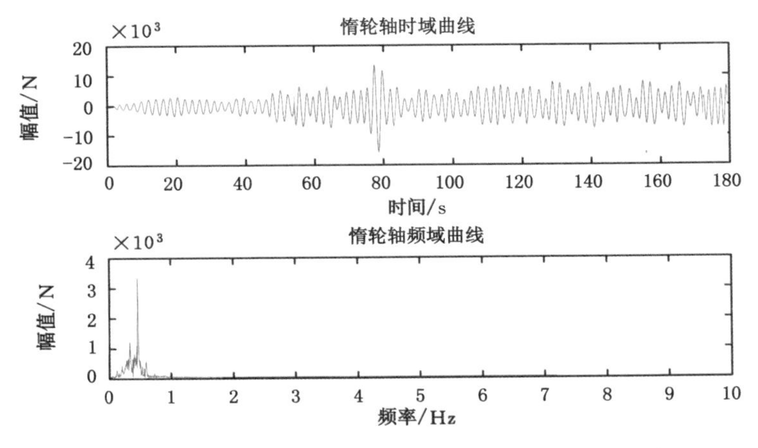

图 5.11 主频 0.467 Hz 下提取的惰轮轴载荷时域曲线

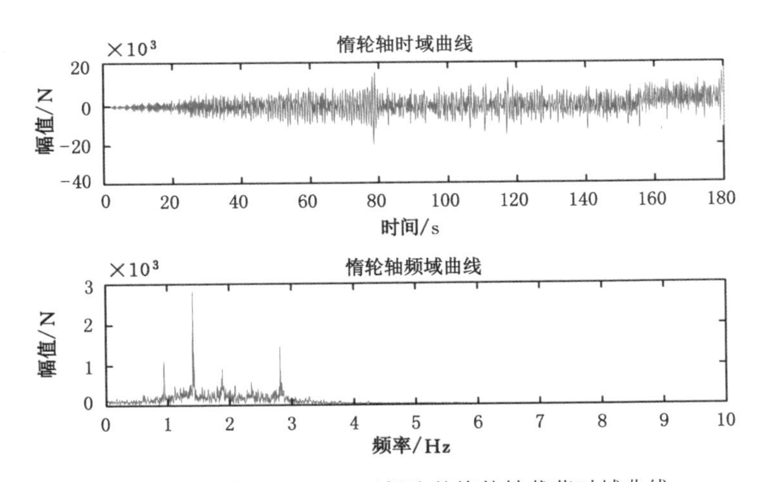

图 5.12 主频 1.401 Hz 下提取的惰轮轴载荷时域曲线

由图 5.12 可知：随着滚筒截割煤岩，惰轮轴载荷幅值逐渐增加；滚筒稳定截割煤岩后，惰轮轴载荷幅值变化范围为－20 000～20 000 N；在 79 s 左右出现了一个信号突变，该位置对应滚筒 3 倍频的位置，说明滚筒 3 倍频下惰轮轴载荷时域曲线能够描述惰轮轴载荷的突变位置。

5.2.3 摇臂应变特征识别

如图 5.13 所示，应变计粘贴到摇臂上后，收到黏结力的影响，产生了初始应变，所以在起始阶段，应变计产生了一定的变形，但改变形量不是因摇臂变形引起的，故可将该值视为固定误差，随着滚筒的工作，可看成摇臂的变形值相对较大，当滚筒载荷增大时，摇臂变形量明显增加，且变形量的幅值也随之增加，当滚筒处于稳定工作状态后，摇臂的变形量虽然存在着一定的波动，但波动范围处于 2 000～3 500 $\mu\varepsilon$ 范围内，未见到更为明显的波动特征，说明滚筒在截割煤时，摇臂的应变量均值为 2 800 $\mu\varepsilon$ 左右。

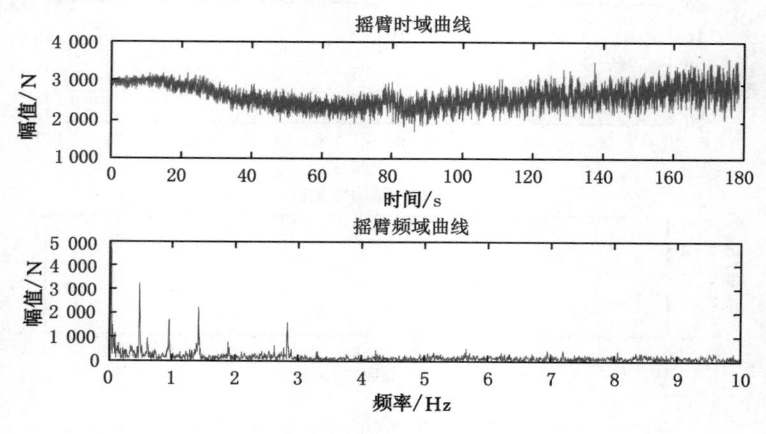

图 5.13 摇臂应变时域曲线

由频率曲线图 5.13 可知：第一大峰值点对应的频率值为 0.467 Hz，为滚筒回转频率的 1 倍频，第二大峰值点对应的频率值为 1.401 Hz，为滚筒回转频率的三倍频，第三大峰值点对应的频率为 0.934 Hz 和 2.8 Hz，分别对应的是滚筒回转频率的 2、6 倍频。

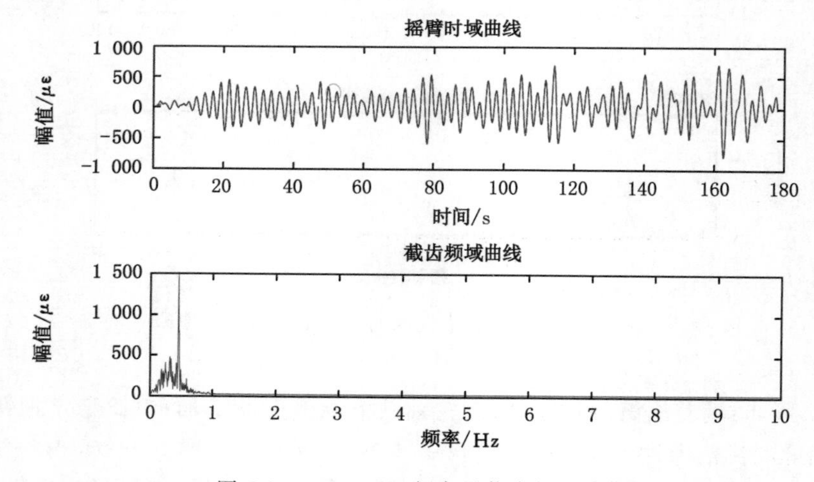

图 5.14 0.467 Hz 频率下截取的时域曲线

由图 5.14 可知：在滚筒刚开始截割阶段，曲线幅值变化很小，说明对应该频率下的摇臂变形较小，当滚筒稳定截割后，曲线幅值在－600～600 με 范围波动，幅值波动范围相对图 5.13中的曲线小了很多。

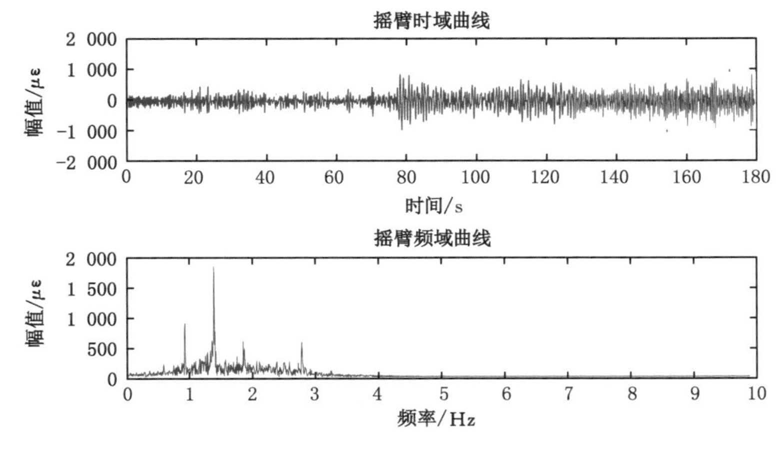

图 5.15　1.401 Hz 条件下提取的时域振动曲线

由图 5.15 可知：对应滚筒 3 倍频的摇臂变形时域信号中，在滚筒起始工作阶段，信号幅值较小，后期时域信号幅值变化较大，由于该信号中掺杂了其他频率的信号，所以时域信号的周期性不明显。

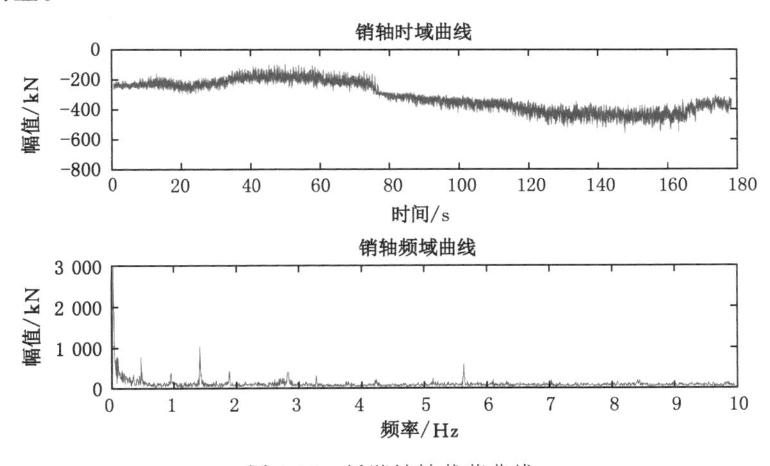

图 5.16　摇臂销轴载荷曲线

5.2.4　摇臂销轴载荷特征识别

由图 5.16 可知，采煤机滚筒未工作时，摇臂销轴载荷大小为约 220 kN，这是由摇臂的重量决定的。采煤机的摇臂重量为约 12 t。摇臂的重心靠近滚筒，离销轴距离较远，摇臂承受转矩的影响，因此采煤机滚筒未工作时销轴的初始载荷较大。当采煤机滚筒工作时，摇臂销轴载荷发生一定的波动，因为滚筒载荷是交变的，所以摇臂销轴载荷也是随之发生交变的；随着滚筒载荷的增加，摇臂销轴载荷的波动也随之增加；当滚筒载荷处于稳定工作阶段时，可以观察到摇臂销轴载荷发生了一个突增，而其载荷的波动量却相对减小；随着采煤机的继续工作，摇臂销轴载荷波动处于相对稳定状态，摇臂销轴载荷波动幅值在 350～500 kN 范围内。

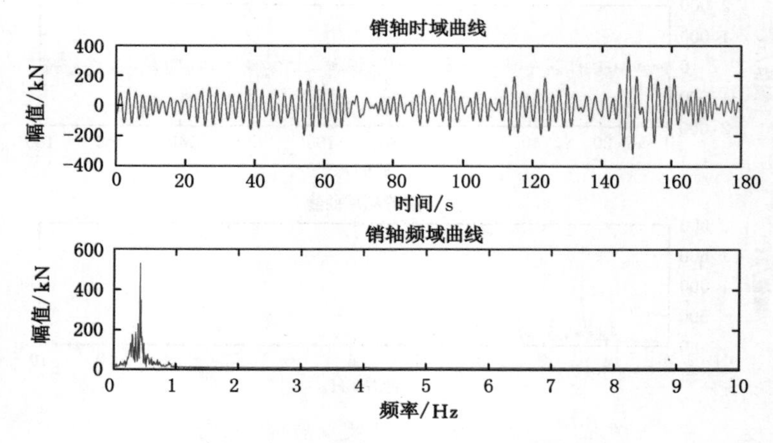

图 5.17　0.467 Hz 对应的摇臂时域曲线

由频率曲线可知：各峰值点对应的幅值变化不是特别明显，最大峰值点为 1.401 Hz，为滚筒回转频率的 3 倍频，第二大峰值点所对应的频率为 0.467 Hz，为滚筒回转频率的 1 倍频，在峰值曲线中能够观察到 5.6 Hz 处存在着一个峰值，该频率恰为滚筒回转频率的 12 倍频，说明摇臂连接销轴的对滚筒载荷的反应不明显，这是因为滚筒与摇臂销轴间的距离较大，滚筒载荷传递过程中，发生了能量耗散。

由图 5.18 可知：对应滚筒 1/2 倍频的摇臂销轴时域曲线，其幅值变化规律与实际测试信号的载荷波动较为相似，如图 5.16 中在 79 s 左右载荷发生了急剧的变化，而在图 5.18 中对应的 79 s 左右，恰好存在一个较大的载荷波动，所以，可以利用对应滚筒 1/2 倍频的摇臂销轴时域曲线来近似表征销轴实际载荷的波动情况。

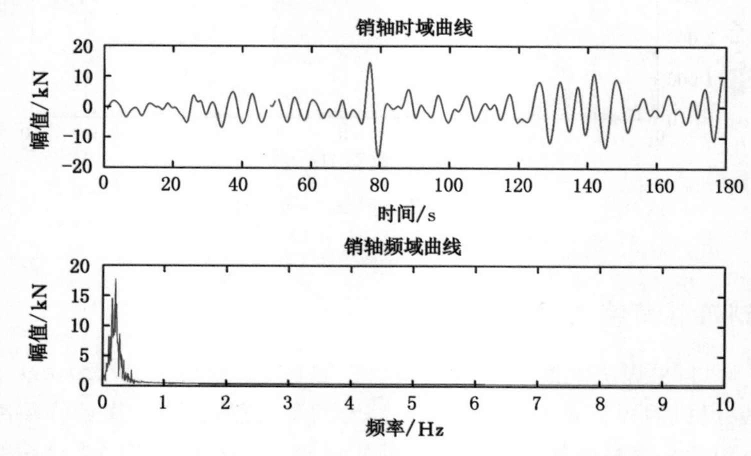

图 5.18　主频 0.233 5 Hz 对应提取的摇臂销轴时域曲线

5.3 本章小结

以独立成分分析和小波分析方法为基础，引入独立成分分析和小波分析相融合的处理方法分别对截齿三向载荷特征，滚筒扭矩载荷特征，摇臂应变载荷特征和摇臂销轴载荷特征进行识别处理，得到的各传感器测试数据中均包含了滚筒回转频率及其倍频，且对应回转频率的频谱峰值最大，故可通过频谱峰值的大小来衡量滚筒载荷的大小。

第6章 基于多传感器数据融合的滚筒载荷智能识别策略研究

6.1 深度信念网络改进

6.1.1 介绍深度信念网络

深度信念网络(deep belief nets,DBN)是深度学习网络的一种生成模型,由多个受限玻尔兹曼机(restricted Boltzmann machine,RBM)堆叠而成。每个RBM都可单独作为一个分类器。其内部包含两层神经元:可视层和隐含层。可视层 V 由显性神经元组成,用于输入样本数据;隐含层 h 由隐性神经元组成,用于数据特征提取。一个RBM结构如图6.1所示。由图6.1可知,层内神经元之间无连接,层间神经元之间全连接。

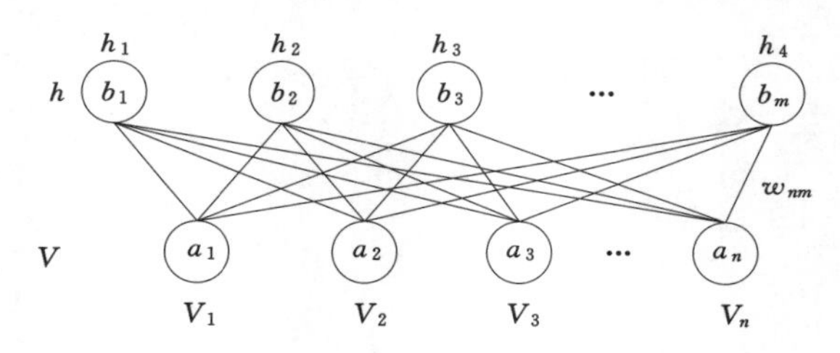

图6.1 RBM模型结构

多个RBM堆叠构成DBN。在RBM堆叠的过程中,第一个RBM的输出作为下一个RBM的输入,通过非监督学习逐层贪婪的方法进行预训练,最终进行一次完整的无监督学习,确定网络权重;再根据样本数据,利用反向传播算法进行调优,完成一次有监督学习,生成底层的状态和对预训练得到的权重进行调优。

后向微调学习采用梯度下降算法进一步优化网络各层的参数,从而保证网络的判别性能。采用该算法,从DBN最后一层开始,利用标准样本数据进行训练;再采用反向传播(back propagation,BP)神经网络算法对网络权重参数进行微调,实现网络全局最优。相比BP神经网络算法,该算法训练速度快、收敛时间短。

假设输出层对应的函数为 $Q(t)$,则该输出层和最后一个隐含层之间的权值变化量为:

$$\Delta w(t)=\frac{\partial Q(t)}{\partial w(t)} \tag{6.1}$$

式中,t 为迭代次数。

权值更新公式为：

$$w(t+1)=w(t)-\eta\frac{\partial Q(t)}{\partial w(t)} \tag{6.2}$$

式中，η 为学习率。

经上述过程完成了输出层和最后一个隐含层之间的权值更新，然后重复该过程，按梯度下降算法依次更新权值，最终完成整个 DBN 的精调。

6.1.2 引入贝叶斯正则化算法

RBM 堆叠得到的 DBN 存在一定的局限性，其泛化能力与网络本身复杂性和样本数据量紧密相关。当网络的复杂性与样本数据量差距过大时，DBN 不易发生过拟合现象，因此寻求一个适当规模的网络是必要的。将 RBM 中的性能指标函数通过贝叶斯正则化法优化，不仅可以减少 RBM 组成的 DBN 内的有效权值和阈值，从而使 DBN 简单化，还可以保证训练误差会尽可能地小，这从整体上提高 DBN 的泛化能力。

根据贝叶斯正则化算法（Bayesian regularization algorithm，BRA），将 RBM 中的性能函数优化为：

$$F_w=\alpha P+\beta E_w \tag{6.3}$$

$$E_w=\frac{1}{mn}\sum_{j=1}^{m}\sum_{i=1}^{n}w_{ij}^2 \tag{6.4}$$

$$P_0=P(v,h)\propto\exp[-E(v,h)]=e^{h^{\mathrm{T}}Wv+b^{\mathrm{T}}v+a^{\mathrm{T}}h} \tag{6.5}$$

式中，F_w 为优化的训练函数；E_w 为复杂度惩罚项；P_0 为初始的训练函数；α、β 为超参数（网络训练的目的由 α、β 的大小决定：若 $\alpha \gg \beta$，则网络训练尽可能地减小训练误差；若 $\alpha \ll \beta$，则网络训练尽可能地降低网络规模）；W 为显层与隐层各单元之间的连接权值；a、b 分别为显层与隐层各单元的偏置值。

网络学习模型的建立既要考虑降低学习误差，又要考虑提高计算速度。贝叶斯正则化方法可以实现两者的融合。网络整体结构确定之后，还需要确定超参数 α、β 的最优值。依据 BRA 中超参数取值的经验，α、β 的取值范围为 $0.5\leqslant\alpha\leqslant 1$、$0\leqslant\beta\leqslant 0.5$。采用试验法确定超参数 α、β 的最优值。在 α、β 的取值范围内，多次随机设定 α、β 值，选择网络识别效果最优的情况下 α、β 值作为 RBM 训练函数中的超参数。

引入 BRA 后，构建 BRA-DBN 模型。其与原 DBN 模型区别在于：每层 RBM 均是经 BRA 得到的 BRA-RBM。仍然按照前向堆叠、后向微调的方法建立 BRA-DBN 模型。

6.1.3 引入粒子群优化算法

在 DBN 微调阶段，对原本的 BP 神经网络进行改进。为避免 DBN 在后向微调学习训练过程中陷入局部最优的问题，对 DBN 最后的 BP 网络参数微调过程加以改进，引入粒子群优化算法（particle swarm optimization，PSO）优化网络权重。通过 PSO 对整个网络进行微调，以获得最优的网络权重。

PSO 是一种群智能算法。解空间内的粒子通过种群迭代进行寻优；每次迭代都会得到两个最优解：其一是每个粒子搜索到的最优解，其二是在一次迭代后，整个种群搜索到的最优解。重复上述过程，进行下一次迭代。在迭代开始时，更新粒子的运行速度和位置。

首先初始化粒子群参数。种群 $X=\{x_1,x_2,\cdots,x_n\}$。

设第 i 个粒子在 t 次迭代的位置为 $X_i^t=[x_{i1}^t,x_{i2}^t,\cdots,x_{iD}^t]^{\mathrm{T}}$，速度为 $V_i^t=[v_{i1}^t,v_{i2}^t,\cdots,v_{iD}^t]^{\mathrm{T}}$，个体最优位置为 $p_i^t=[p_{i1}^t,p_{i2}^t,\cdots,p_{iD}^t]^{\mathrm{T}}$，全局最优位置为 $p_g^t=[p_{g1}^t,p_{g2}^t,\cdots,p_{gD}^t]^{\mathrm{T}}$。

第 i 粒子在 $t+1$ 次迭代时，其速度为：

$$v_{id}^{t+1}=v_{id}^t+c_1r_1(p_{id}^t-x_{id}^t)+c_2r_2(p_{gd}^t-x_{id}^t) \tag{6.6}$$

式中，$1\leqslant d\leqslant D$；$1\leqslant i\leqslant n$；r_1、r_2为(0,1)样本空间内的随机数；c_1、c_2为加速因子。

粒子群算法和传统模拟群智能优化算法类似，都会遇到陷入局部最优解的问题。因此在原算法的基础上加以改进，以克服陷入局部最优解的问题。引入连接权重的方法提高粒子群算法后期的寻优能力，跳出局部最优解的搜索，进行全局最优解的搜索。采用式(6.7)可以有效增加粒子群算法的局部寻优能力。式(6.8)可以增加粒子本身的搜索能力和对全局的感知能力。

$$w=w_{\max}-(w_{\max}-w_{\min})\cdot t/T \tag{6.7}$$

$$\begin{cases}C_1=C_{\max}-(C_{\max}-C_{\min})\cdot t/T\\C_2=C_{\max}+(C_{\max}-C_{\min})\cdot t/T\end{cases} \tag{6.8}$$

式中，$w_{\max}$、$w_{\min}$ 分别为权重最大值、最小值；t、$t_{\max}$ 分别为当前和最大迭代次数；$C_{\max}$、$C_{\min}$ 分别为加速因子最大值、最小值；w 为第 t 次迭代的权重。

引入 PSO 替代原本 BP 算法，增强 DBN 后期的微调能力，以获得最优的各层网络权重。

PSO 步骤如图 6.2 所示。

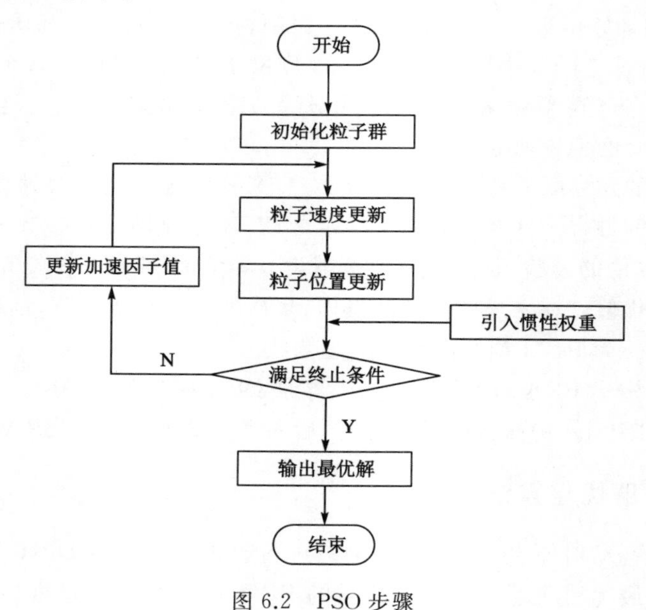

图 6.2　PSO 步骤

6.1.4　改进决策域更新系数

对于群智能算法，在优化初期，群个体位置分散程度大，造成个体间的间距大，影响个体相互的交流速度，导致可能无法发现其他个体，使群智能算法可能停滞不前或得到错误的解。为解决上述问题，对决策域更新系数进行改进，从而增大萤火虫个体的决策域半径，以实现全局范围内的搜索，进而提高群智能算法的探测能力和求解稳定性。

(1) 改进决策域更新系数

为了增加萤火虫个体在优化初期的全局搜索能力，加快算法优化初期的计算速度和收敛效果，引入指数分布系数对决策域更新系数 β 进行改进：

$$\beta' = \beta \cdot R_i \tag{6.9}$$

式中，R_i 为指数分布系数。

引入指数分布系数后，在迭代后期，由于决策域半径明显增大，所以局部搜索寻找最优解的能力明显提高。但是，决策域更新系数在整个优化过程中应进行合理控制。

(2) 引入线性决策域更新系数

为确保改进后的决策更新系数在优化初期以后不影响整个算法的寻找最优解能力，在改进决策域更新系数的同时，还要在优化初期引入线性决策域更新系数：

$$\beta'(t) = \beta'_{\min} + (\beta'_{\max} - \beta'_{\min}) \cdot (t/t_{\max}) \tag{6.10}$$

当到达迭代后期搜索到当前最优解时，此时算法的调整步长减小，局部搜索能力提高，实现了在当前优选区域内的深度搜索。

(3) 改进移动步长

改进决策域更新系数的同时，考虑到优化周期内的搜索效率匹配，对算法中的移动步长进行改进，使算法在优化初期和优化后期均具有较高深度搜索能力。为此，对移动步长 S 进行递减操作。S 递减公式为：

$$S = S_0 \delta^t \varepsilon \tag{6.11}$$

式中，S_0 为初始步长，δ 为递减系数($0 < \delta < 1$)，ε 为待优化问题的问题域。

改进后的萤火虫动态决策域半径更新公式为：

$$\begin{cases} r_d^i(t+1) = \min\{r_s, \max\{0, r_d^i(t) + \beta'[n_i - N_i(t)]\}\} \\ \beta'(t) = \beta'_{\min} + (\beta'_{\max} - \beta'_{\min}) \cdot t/t_{\max} \end{cases} \tag{6.12}$$

位置更新公式为：

$$x_i(t+1) = x_i(t) + S_0 \delta^t \varepsilon \left(\frac{x_j - x_i}{\| x_j - x_i \|} \right), 0 < \delta < 1 \tag{6.13}$$

改进 DBN 具体步骤如图 6.3 所示。

6.2 改进后的深度信念网络训练

建立 BRA-PSO-DBN 预测模型如图 6.4 所示。如图 6.4 所示，BRA-PSO-DBN 预测模型的输入层已经确定为 22 个神经元，其输出层已经确定为 4 个神经元。采用 2 个 BRA-RBM 堆叠的改进 DBN 模型。该模型包含 2 个隐含层。隐含层神经元个数要通过 BRA 优化每个 RBM 来确定，同时需要确定前向堆叠 RBM 学习中的学习率 ε 和后向微调中的学习率 η。顶层结构采用 BP-PSO 由上到下进行微调。综合考虑算法的稳定性和收敛速度，前向堆叠 RBM 学习中的学习率 ε 和后向微调中的学习率 η 均采用常用值(0.1)，无监督预训练阶段每个 RBM 迭代次数取为 200 次。

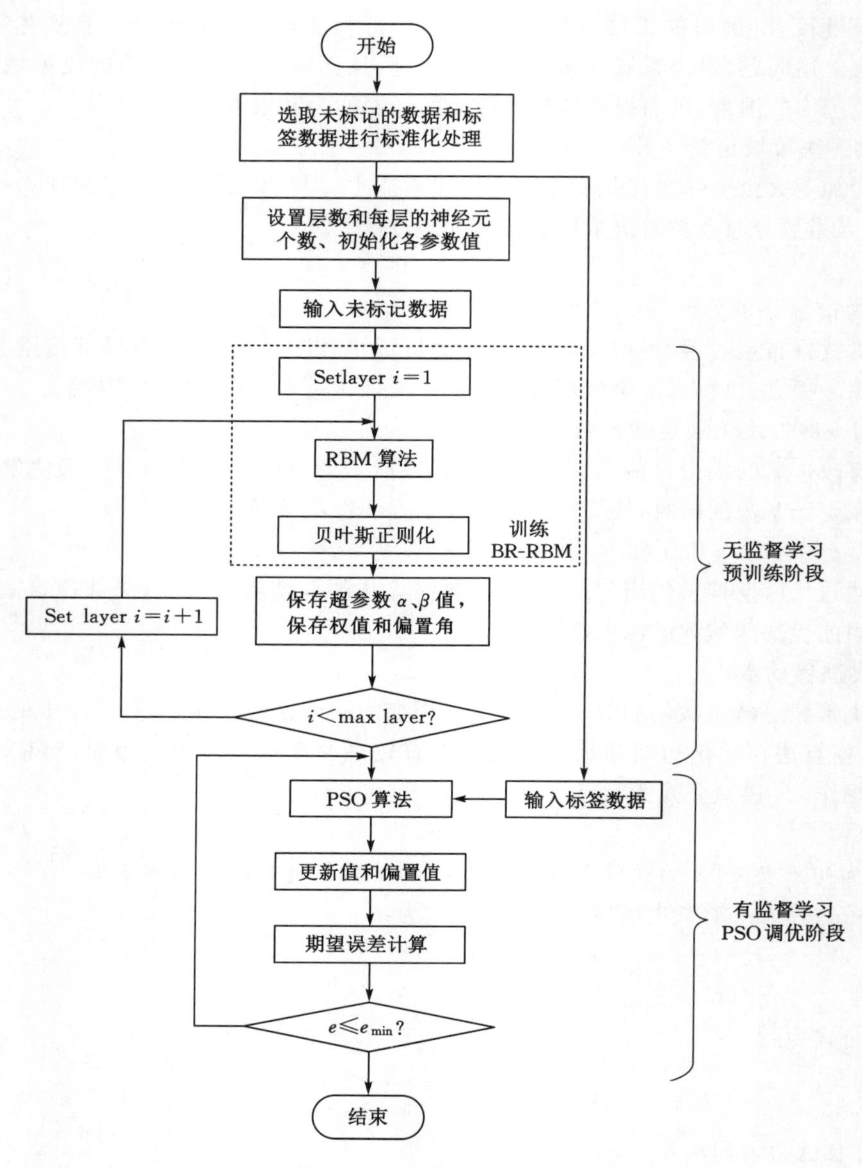

图 6.3 改进 DBN 具体步骤

首先通过训练样本数据使 BRA-PSO-DBN 预测模型得到最优的网络参数，然后进行测试样本的仿真试验进行验证。每一个煤矿均为一组数据（包含 22 个输入参数值和 4 个输出参数值）。

基于 BRA-PSO-DBN 预测模型的采煤机滚筒载荷预测步骤如下：

(1) 利用综采成套装备力学测试平台开展采煤机截割试验测试。在所测得的试验数据中选取的输入样本如表 6.1 所示。建立样本空间（包括特征参量样本空间和特征输出样本空间），并划分训练样本和测试样本。

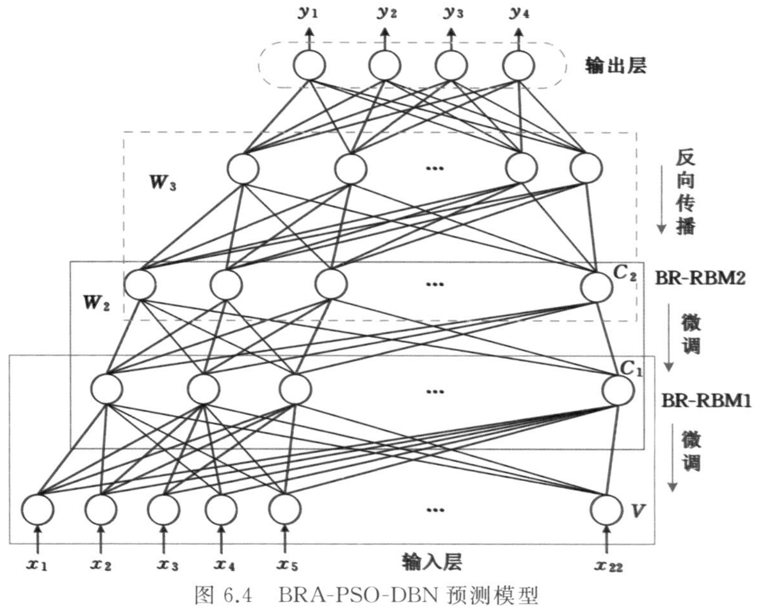

图 6.4　BRA-PSO-DBN 预测模型

表 6.1　输入样本

样本序号	名称	传感器名称	测点数量
1	惰轮轴 Y 向载荷	惰轮轴传感器	2
2	惰轮轴 Z 向载荷		
3	销轴一 Y 向载荷	连接架销轴传感器	8
4	销轴一 Z 向载荷		
5	销轴二 Y 向载荷		
6	销轴二 Z 向载荷		
7	销轴三 Y 向载荷		
8	销轴三 Z 向载荷		
9	销轴四 Y 向载荷		
10	销轴四 Z 向载荷		
11	摇臂位置 1 应变量	摇臂应变	12
12	摇臂位置 2 应变量		
13	摇臂位置 3 应变量		
14	摇臂位置 4 应变量		
15	摇臂位置 5 应变量		
16	摇臂位置 6 应变量		
17	摇臂位置 7 应变量		
18	摇臂位置 8 应变量		
19	摇臂位置 9 应变量		
20	摇臂位置 10 应变量		
21	摇臂位置 11 应变量		
22	摇臂位置 12 应变量		

(2) 为了提高程序的运算速度，将参数数据进行归一化处理。其具体公式为：

$$x^{*}=\frac{x-x_{\min}}{x_{\max}-x_{\min}} \tag{6.14}$$

式中，$x_{\min}$ 为样本数据最小值，$x_{\max}$ 为样本数据最大值。每个输入样本的空间分为采煤机空载运行区域、滚筒斜切进刀区域、滚筒正常截割区域三个部分。获取样本输入量和输出量。分别在各区域内截取 10 000 个样本数据，即每个输入样本、输出样本的空间大小均为 30 000 个。

(3) 将训练样本输入到 BRA-PSO-DBN 预测模型中。输入为样本空间特征参量，输出为每组输入对应的特征输出。按照前向堆叠的方法进行无监督学习，训练每层 BRA-RBM，确定每层 BRA-RBM 的网络规模、隐层神经元的个数和超参数 α、β 的最优值。保存每层 BRA-RBM 的各个参数值，完成无监督学习阶段。

(4) 在有监督学习阶段，通过优化的 BP 神经网络算法对整个网络参数进行微调。最后保存训练好的网络模型参数。

(5) 按照上述步骤对网络模型完成训练后，将测试样本输入网络模型中对 BRA-PSO-DBN 预测模型进行验证。

6.3 基于多传感器数据融合滚筒载荷预测

在网络模型复杂的情况下，输入的特征参数会过多。例如，对于预测滚筒截割三向载荷和扭矩，考虑到的特征参数共有 22 个(其中输出参数为 4 个)。在如此规模的网络情况下，浅层神经网络已经不能完成准确的预测。但深度信念神经网络具有强大的数据提取能力。深度信念神经网络通过增加网络模型的层数自主地从大量数据中提取特定的特征，可以变繁为简。为了验证 BRA-PSO-DBN 预测模型的准确性，将采煤机滚筒的载荷预测模型所得的数据与试验测试数据进行对比分析。

在试验数据中，每个输入样本分别给出 100 个测试试验数据。如图 6.5 至图 6.24 所示，惰轮轴传感器 Y/Z 方向输入样本曲线(2 个)，连接架 4 个销轴传感器 Y/Z 方向数据输入样本曲线(8 个)，摇臂应变 12 个测点数据输入样本曲线(12 个)。首先将 22 个样本曲线导入到 BRA-PSO-DBN 预测模型中，分别获得 100 个数据点的滚筒截割三向载荷和扭矩曲线(如图 6.25 至图 6.29 所示)；然后将其与试验测试值进行对比。

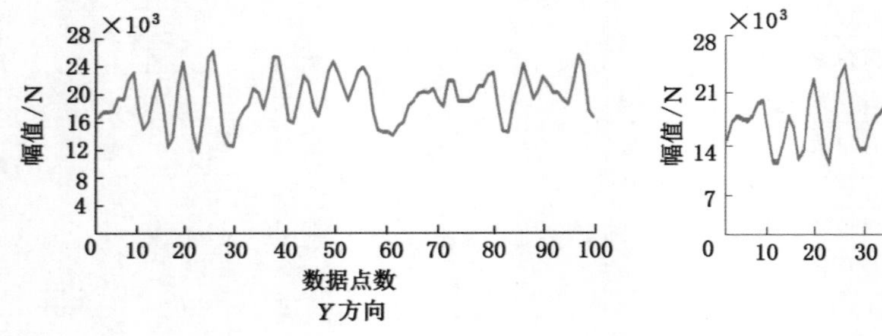

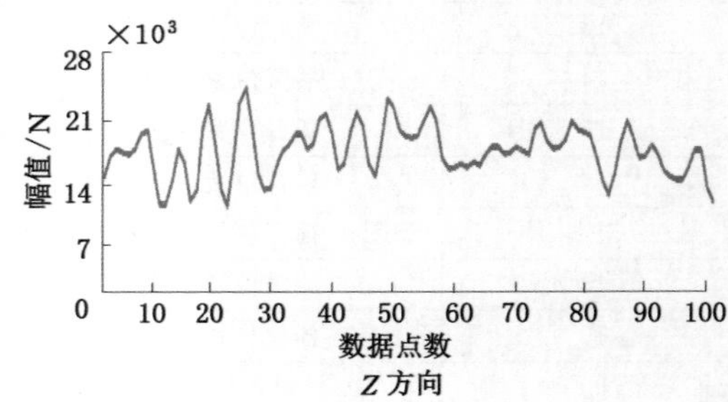

图 6.5 惰轮轴 Y/Z 方向输入样本数据

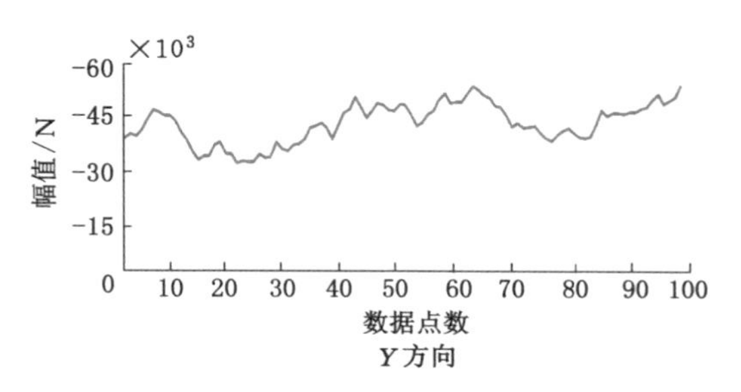

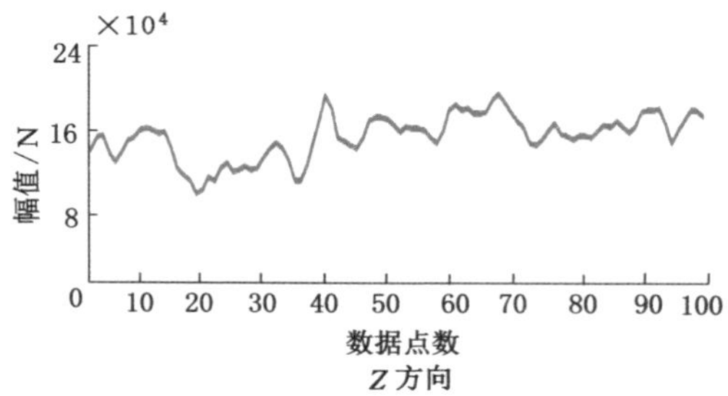

图 6.6 连接销轴一 Y/Z 方向输入样本数据

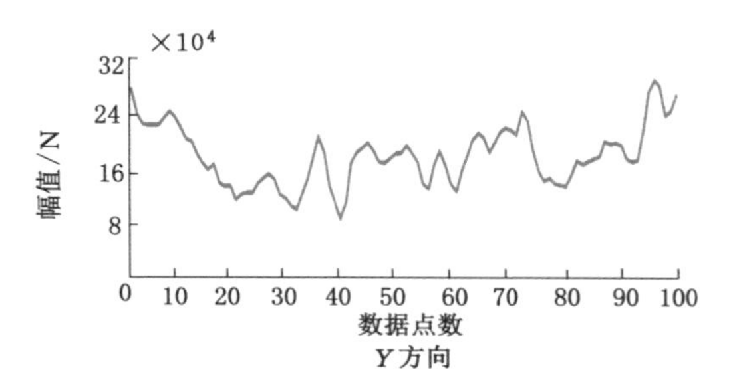

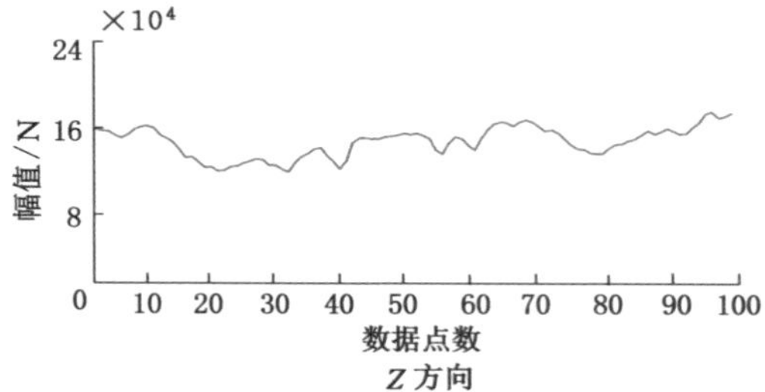

图 6.7 连接销轴二 Y/Z 方向输入样本数据

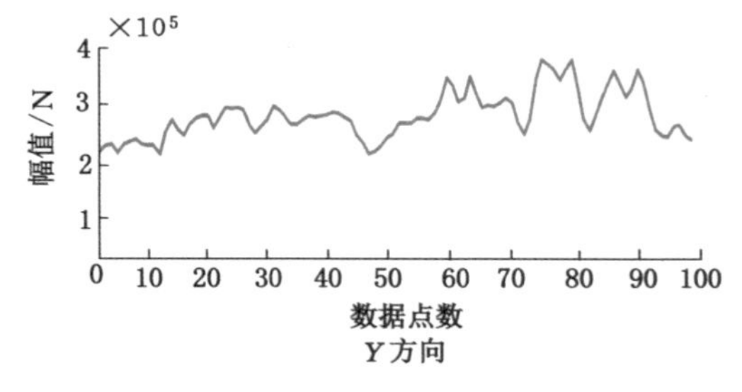

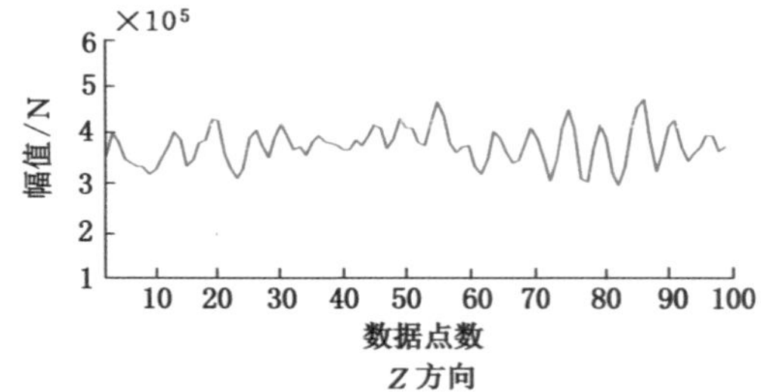

图 6.8 连接销轴三 Y/Z 方向输入样本数据

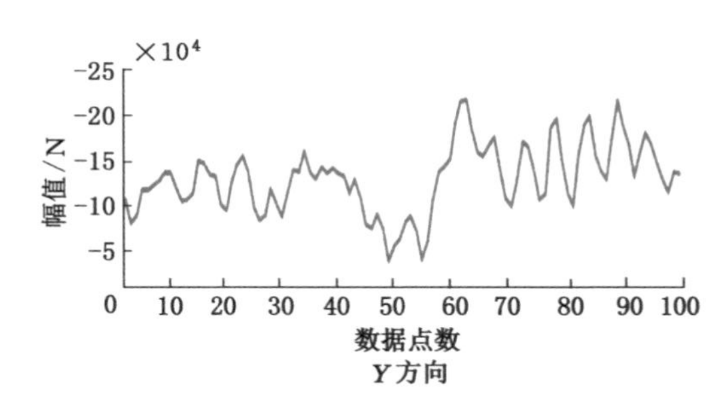

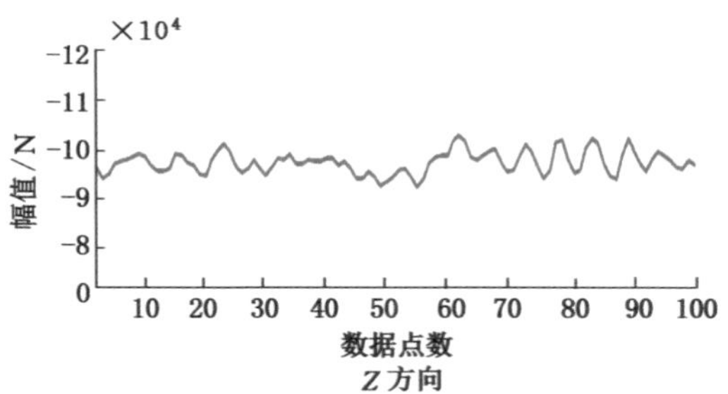

图 6.9 连接销轴四 Y/Z 方向输入样本数据

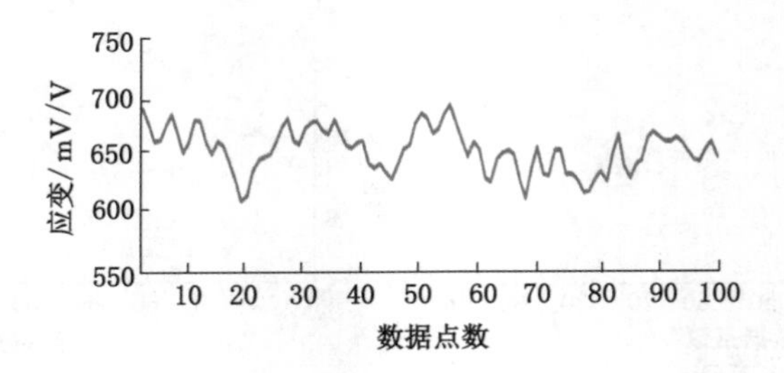

图 6.10　摇臂应变量 1 输入样本数据

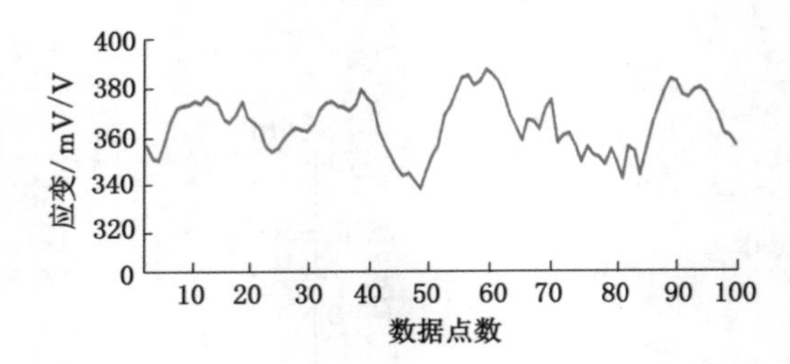

图 6.11　摇臂应变量 2 输入样本数据

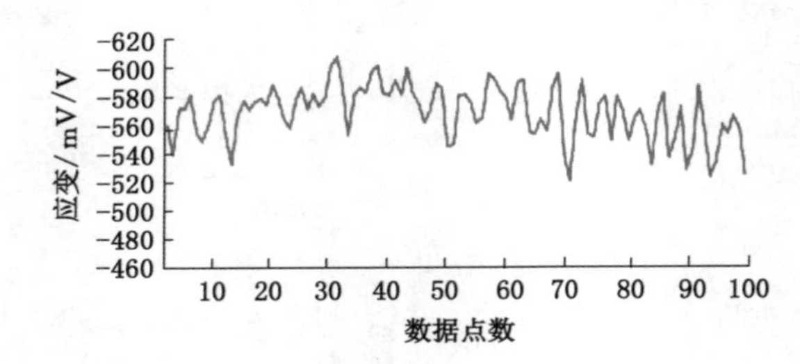

图 6.12　摇臂应变量 3 输入样本数据

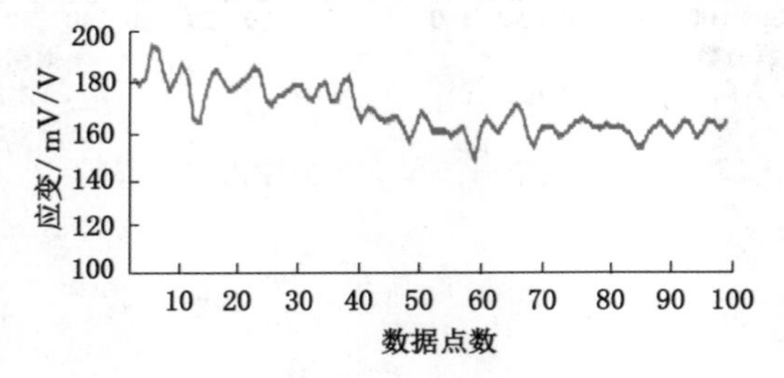

图 6.13　摇臂应变量 4 输入样本数据

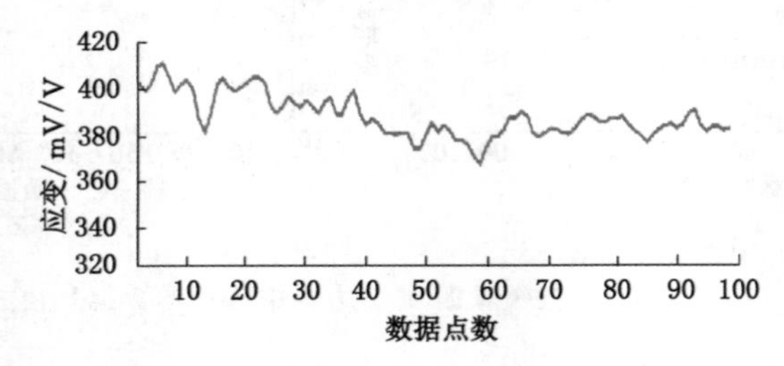

图 6.14　摇臂应变量 5 输入样本数据

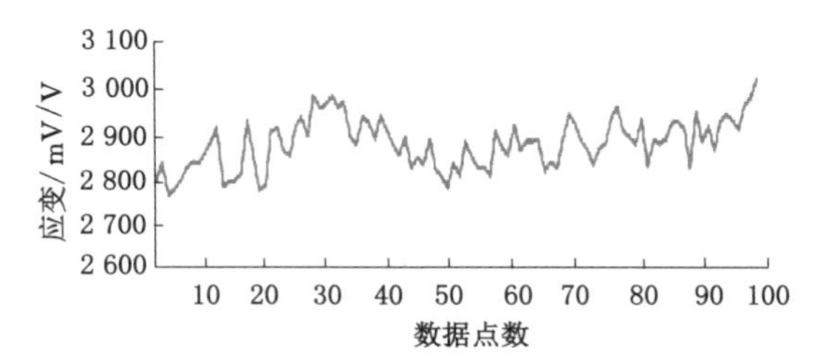

图 6.15　摇臂应变量 6 输入样本数据

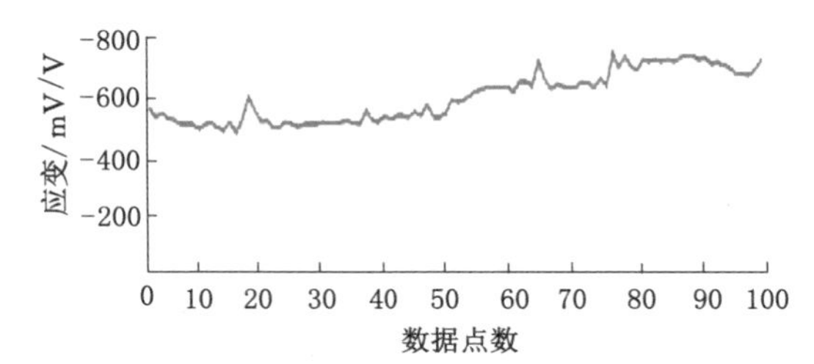

图 6.16　摇臂应变量 7 输入样本数据

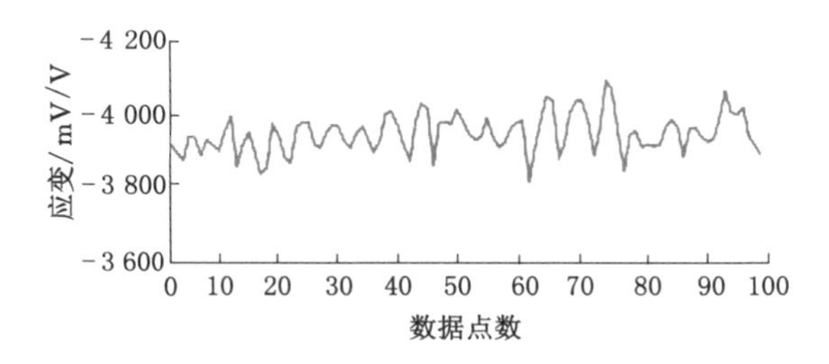

图 6.17　摇臂应变量 8 输入样本数据

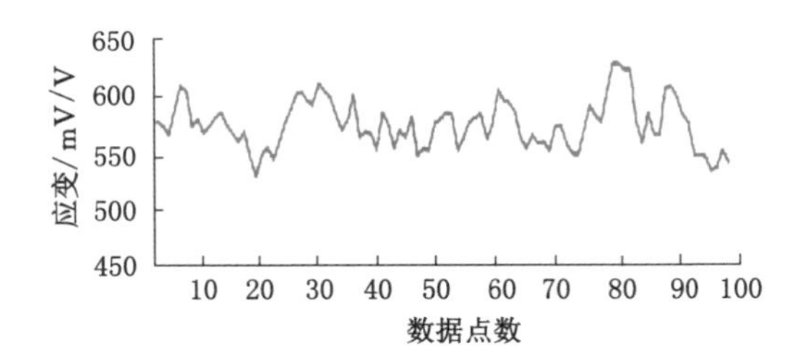

图 6.18　摇臂应变量 9 输入样本数据

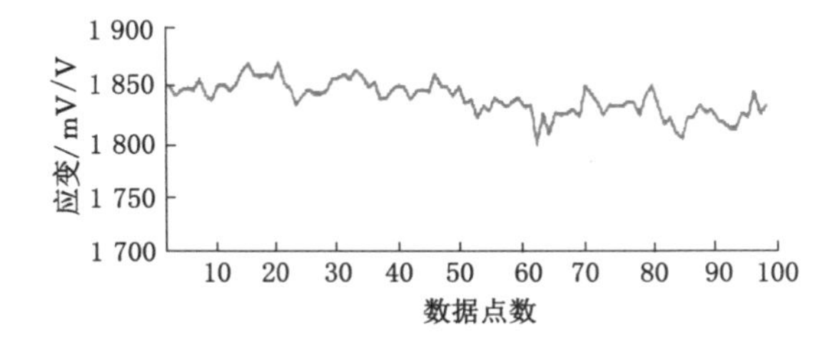

图 6.19　摇臂应变量 10 输入样本数据

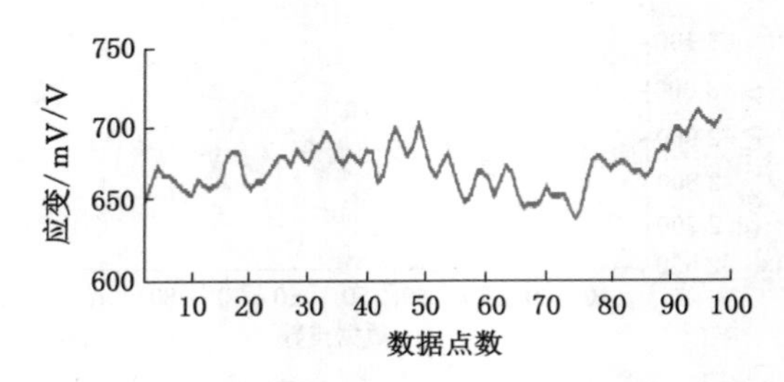

图 6.20　摇臂应变量 11 输入样本数据

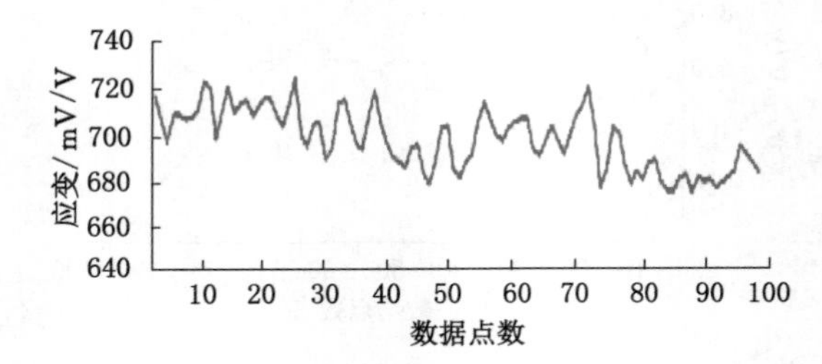

图 6.21　摇臂应变量 12 输入样本数据

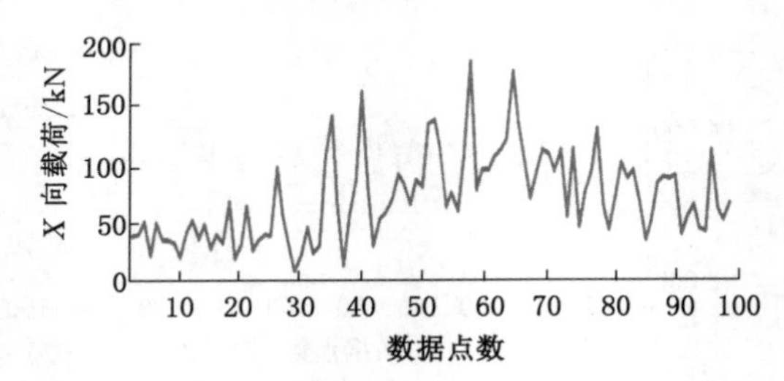

图 6.22　滚筒截割预测载荷(X 方向)输入样本数据

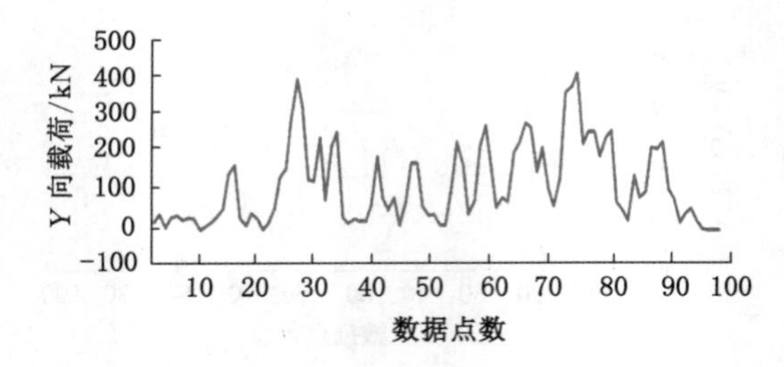

图 6.23　滚筒截割预测载荷(Y 方向)输入样本数据

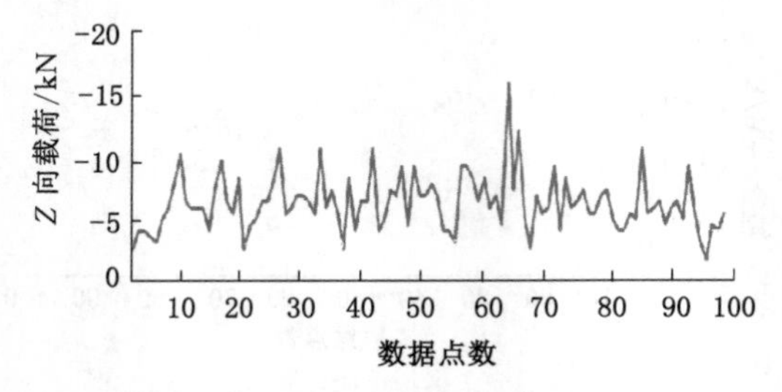

图 6.24　滚筒截割预测载荷(Z 方向)输入样本数据

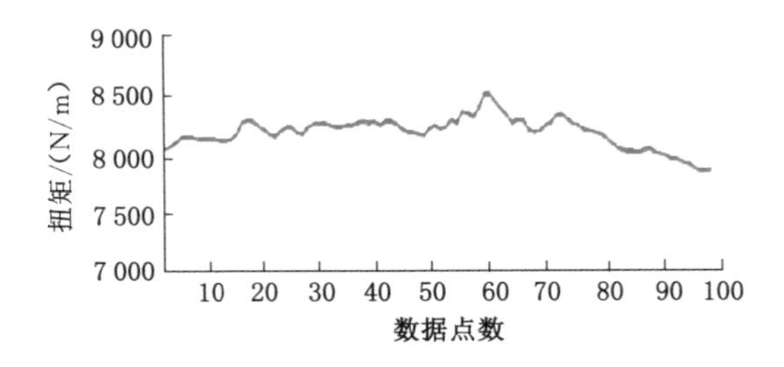

图 6.25　滚筒截割预测扭矩输入样本数据

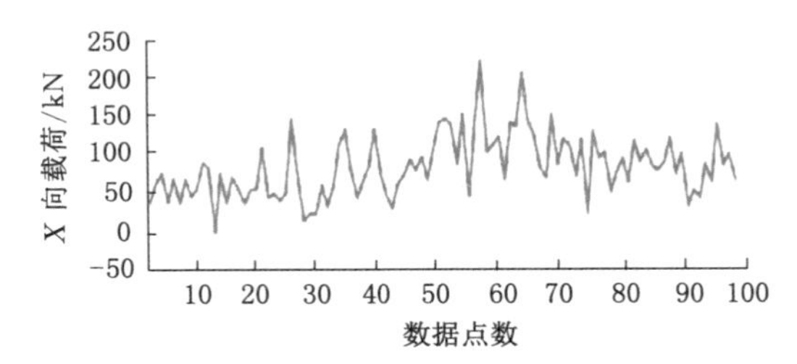

图 6.26　滚筒截割实测载荷(X 方向)实测数据

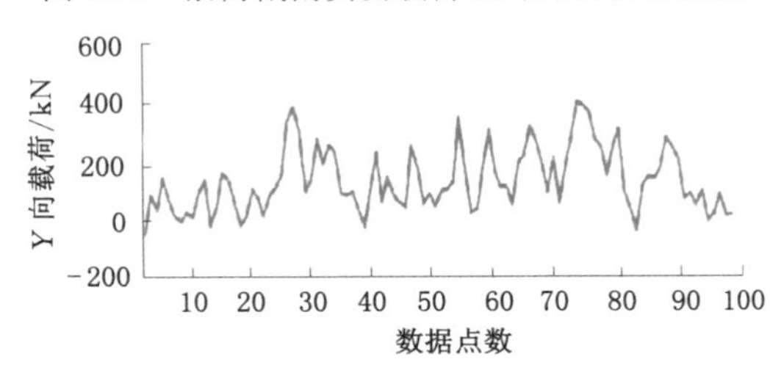

图 6.27　滚筒截割实测载荷(Y 方向)实测数据

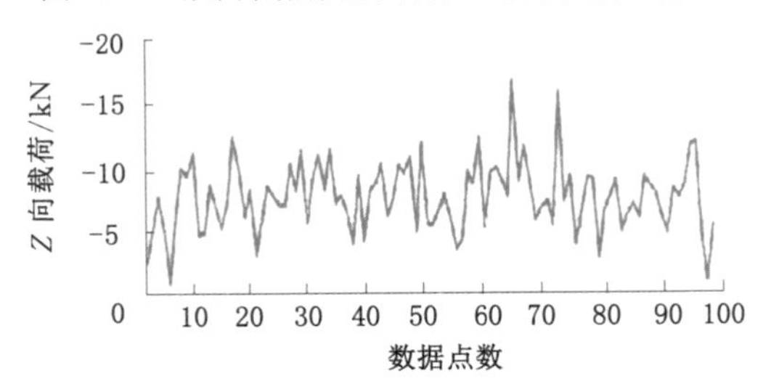

图 6.28　滚筒截割实测载荷(Z 方向)实测数据

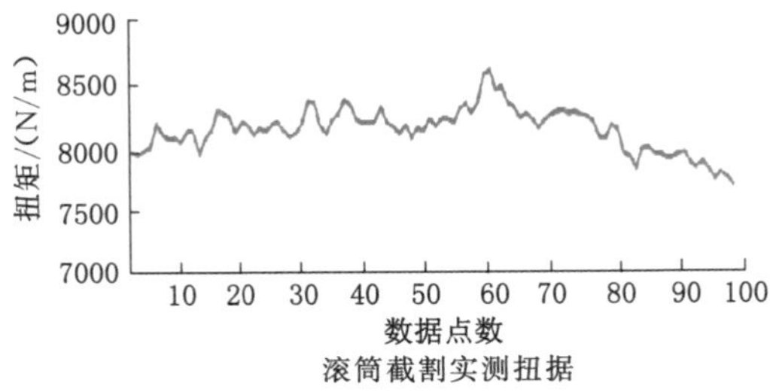

图 6.29　滚筒截割实测扭矩实测数据

对比图 6.6 与图 6.7 中滚筒载荷预测值曲线与实测值曲线可知:预测值曲线与实测值曲线的变化规律较为相似,曲线中峰值点的位置是精确对应的,这说明预测值能够较为精确地对滚筒实际载荷进行定性分析。

表 6.2 预测数据与实测数据误差对比分析

名称		均值/N	最大值/N	最小值/N	标准差/N	相关系数
滚筒 X 向载荷	预测值	63 433.9	179 431.5	14 278	36 551.9	0.837 0
	实测值	84 162.5	223 027.7	8 866.2	40 453.4	
滚筒 Y 向载荷	预测值	109 995.5	393 027.0	28 550.0	99 234.4	0.892 6
	实测值	154 163.2	408 034.3	20 932.8	102 379.8	
滚筒 Z 向载荷	预测值	−65 616	−161 779	−19 033	23 407	0.876 5
	实测值	−53 123	−155 976	−22 704	30 727	
滚筒扭矩	预测值	8 117.4	8 501.9	7 733.4	154.5	0.945 5
	试验值	8 168	8 622.4	7 735.2	167.5	

滚筒截割三向载荷和扭矩 BRA-PSO-DBN 预测模型的预测值与实测值的对比分析如表 6.2 所示。通过其均值、最大值、最小值、标准差等 4 个参数对比分析可以得出:在 X 向、Y 向滚筒截割载荷和滚筒截割扭矩的预测值要稍小于实测值,在 Y 向滚筒截割载荷预测值要稍大于实测值;4 个参数测试结果的相关系数均在 0.83 以上,分别是 0.837 0、0.892 6、0.876 5、0.945 5。滚筒截割扭矩的预测值与实测值的近似度达到 95%,这说明采用 BRA-PSO-DBN 预测模型能够较为准确地预测滚筒的截割扭矩。在 X、Y、Z 方向滚筒截割载荷的预测值与实测值误差相对较大,但其预测值与实测值的近似度均超过 83%,这说明 BRA-PSO-DBN 预测模型的预测值具有较高的精度,可以为采煤机滚筒载荷识别实际工程应用提供指导依据。

6.4 本章小结

(1) 以深度学习网络为构架,引入 BRA 和 PSO 对传统深度学习模型进行改进,建立了 BRA-PSO-DBN 预测模型。

(2) 以惰轮轴载荷数据、连接架销轴载荷数据、摇臂变形数据等 22 个变量为输入样本,以滚筒截割的三向载荷和扭矩为输出样本,完成了 BRA-PSO-DBN 预测模型的训练。

(3) 以每个变量的 100 组数据为预测输入样本,利用 BRA-PSO-DBN 预测模型对滚筒截割载荷和扭矩进行预测。将滚筒截割三向载荷和扭矩 BRA-PSO-DBN 预测模型的预测值与实测值进行了对比,得到了 BRA-PSO-DBN 预测模型的精度达到了 83%以上(其中 BRA-PSO-DBN 预测模型在滚筒截割扭矩预测上精度最高,达到了 95%),可直接用于采煤机滚筒载荷识别的工程应用。

第 7 章　主要结论和创新点

7.1　主要结论

通过理论分析、仿真模拟及试验测试等方法，设计了基于多传感器的滚筒载荷感知方法，构建了多传感器数据特征提取与降噪模型，研究了基于多传感器信息融合的滚筒载荷辨识策略，实现了采煤机滚筒载荷的实时感知与精确预测。本书取得的主要结论如下所述。

(1) 构建了采煤机摇臂过约束力学模型，获得了摇臂安装销轴与摇臂举升角间的力学关系。相关研究结果表明：举升角在 $-15^{\circ} \sim 25^{\circ}$ 范围内变化时，销轴沿 y 向载荷呈现非线性增加趋势；举升角在 $25^{\circ} \sim 35^{\circ}$ 范围变化时，销轴沿 y 向载荷急剧减小。

(2) 建立了采煤机截割部传递系统刚柔耦合动力学模型，分析了摇臂壳体变形与滚筒载荷间的相互影响关系。获得了截割部多级齿轮传递系统与滚筒载荷间的相互影响关系。

(3) 搭建了多传感器数据采集、传输系统，获取了在滚筒工作过程中各传感器的试验测试数据，实现了各关键部件的载荷测试。

(4) 构建了基于独立成分和小波分析的滚筒测试特征数据提取模型与方法，完成了各传感器测试数据的时域分析和频域分析。相关研究结果表明：各传感器所得到的测量结果均能体现出滚筒截割载荷的变化规律；各传感器数据的 1 阶波峰频率均为 0.467 Hz，此频率为滚筒的回转频率；各传感器的各阶频率峰值大小能够描述滚筒截割载荷变化。

(5) 建立了深度信念网络预测模型；以惰轮轴载荷数据、连接架销轴载荷数据、摇臂变形应变数据等 22 个变量为输入样本，以滚筒三向截割载荷、截割扭矩为输出样本，完成了深度神经网络模型训练；得到了深度神经网络预测模型的精度达到了 83%以上，其中滚筒扭矩的预测精度最高(达到了 95%)。

7.2　主要创新点

本书主要创新点如下所述。

(1) 设计了截齿载荷监测传感器、惰轮轴载荷监测传感器、摇臂应变量监测传感器。基于截齿载荷、惰轮轴载荷、摇臂应变等变量的监测，构建了多信息融合的采煤机滚筒载荷感知方法。

(2) 构建了采煤机截割部传递系统多体动力学模型，获取了滚筒载荷与惰轮轴载荷、摇臂销轴载荷、摇臂壳体应变量间的关联信息特征规律。

(3) 构建了深度神经网络模型，实现了基于多传感器的滚筒载荷精确识别。

参考文献

[1] 曹继平,王赛,岳小丹,等.基于自适应深度卷积神经网络的发射车滚动轴承故障诊断研究[J].振动与冲击,2020,39(5):97-104.

[2] 柴远波,赵春雨.短距离无线通信技术及应用[M].北京:电子工业出版社,2015.

[3] 陈峰华.ADAMS 2016 虚拟样机技术从入门到精通[M].北京:清华大学出版社,2017.

[4] 陈明.MATLAB 神经网络原理与实例精解[M].北京:清华大学出版社,2013.

[5] 范晓婷.采煤机摇臂载荷与振动传递特性研究[D].太原:太原理工大学,2017.

[6] 傅佳宏,田铭兴,高云波.基于深度优先搜索的混合补偿网络拓扑辨识与分析[J].武汉大学学报(工学版),2019,52(4):344-350.

[7] 高尚,杨静宇.群智能算法及其应用[M].北京:中国水利水电出版社,2006.

[8] 高伟.基于正则化的动态载荷识别方法及应用研究[D].哈尔滨:哈尔滨工业大学,2016.

[9] 葛帅帅.复杂截割工况下采煤机动力传动系统自适应控制研究[D].重庆:重庆大学,2018.

[10] 郝志勇,张佩,毛君,等.采煤机摇臂销轴力学特性检测试验[J].机械设计与研究,2017,33(2):119-121.

[11] 郝志勇,张佩,宋振铎.采煤机截齿分布与载荷谱关系的实验研究[J].机械强度,2017,39(4):927-933.

[12] 郝志勇,周正啟,袁智,等.基于实验测试的采煤机截割载荷的分形分布规律研究[J].应用力学学报,2019,36(2):417-423.

[13] 黄冠雅.考虑作业动态特性的液压挖掘机工作装置强度研究[D].杭州:浙江大学,2016.

[14] 黄培.基于改进 BP 算法在深度神经网络学习中的研究[J].机械强度,2018,40(4):796-801.

[15] 黄张翼,周翊,舒晓峰,等.联合贝叶斯估计与深度神经网络的语音增强方法[J].小型微型计算机系统,2019,40(1):40-44.

[16] 江永红.深入浅出人工神经网络[M].北京:人民邮电出版社,2019.

[17] 蒋干.基于多传感信息融合的采煤机煤岩截割状态识别技术研究[D].徐州:中国矿业大学,2019.

[18] 李本威,林学森,杨欣毅,等.深度置信网络在发动机气路部件性能衰退故障诊断中的应用研究[J].推进技术,2016,37(11):2173-2180.

[19] 李昌.ADAMS/View 参数化设计技术与机械工程实践应用[M].北京:科学出版社,

2018.
[20] 李帆.综采工作面采煤机故障诊断与分析[D].邯郸:河北工程大学,2018.
[21] 李丽,牛奔.粒子群优化算法[M].北京:冶金工业出版社,2009.
[22] 李明昊.刚柔耦合采煤机截割部动态与渐变可靠性研究[D].阜新:辽宁工程技术大学,2017.
[23] 李舜酩.振动信号的盲源分离技术及应用[M].北京:航空工业出版社,2011.
[24] 李益兵,王磊,江丽.基于PSO改进深度置信网络的滚动轴承故障诊断[J].振动与冲击,2020,39(5):89-96.
[25] 李赟恒.基于BP神经网络的采煤机截割部故障诊断研究[D].西安:西安科技大学,2017.
[26] 廉自生,刘楷安.虚拟样机中的柔性化方法分析[J].煤矿机械,2005,26(4):59-61.
[27] 刘鸣洲.微弱机械冲击信号的检测与提取方法研究[D].杭州:浙江大学,2018.
[28] 刘送永,杜长龙,高魁东.采煤机滚筒设计理论及性能研究[M].北京:科学出版社,2018.
[29] 刘译文.基于红外热成像的采煤机截割模式识别方法研究[D].徐州:中国矿业大学,2018.
[30] 吕帅.矿井采煤装备智能控制与运行信息管理系统研究与设计[D].徐州:中国矿业大学,2019.
[31] 马超.基于正则化方法的动载荷识别技术研究及应用[D].上海:上海交通大学,2015.
[32] 马玉祥.基于连续小波变换的波浪非线性研究[M].大连:大连理工大学出版社,2013.
[33] 毛君,郭浩,陈洪月.基于深度信念网络的滚筒采煤机截割载荷预测[J].机械强度,2020,42(2):270-275.
[34] 毛君,杨辛未,陈洪月,等.采煤机截割部的动态特性实验[J].机械设计与研究,2019,35(1):150-153.
[35] 毛君,杨辛未,陈洪月,等.采煤机牵引部动态特性实验分析[J].机械设计与研究,2018,34(5):143-147.
[36] 齐东旭,宋瑞霞,李坚.非连续正交函数:U-系统、V-系统、多小波及其应用[M].北京:科学出版社,2011.
[37] 钱锋.粒子群算法及其工业应用[M].北京:科学出版社,2013.
[38] 邱春艳.群体智能算法改进及其应用[M].北京:科学出版社,2019.
[39] 邵双双,刘丽冰,谭志洪,等.改进的深度信念网络预测模型及其应用[J].计算机应用,2018,38(S1):28-31.
[40] 施云波.无线传感器网络技术概论[M].西安:西安电子科技大学出版社,2017.
[41] 孙艳丰,齐光磊,胡永利,等.基于改进Fisher准则的深度卷积神经网络识别算法[J].北京工业大学学报,2015,41(6):835-841.
[42] 田立勇,李文政,隋然.基于多传感器的采煤机滑靴受力检测系统研究[J].煤炭学报,2020,45(4):1547-1556.
[43] 田立勇,隋然,于宁,等.基于应变传感器的采煤机截齿受力检测系统研究[J].煤炭科学技术,2018,46(3):155-159.

[44] 王春华,桑盛远,赵杨峰,等.截齿截割煤体变形破坏过程数值模拟研究[J].中国安全科学学报,2006,16(12):19-24.
[45] 王德文,雷倩.基于贝叶斯正则化深度信念网络的电力变压器故障诊断方法[J].电力自动化设备,2018,38(5):129-135.
[46] 王海舰.煤岩界面多信息融合识别理论与实验研究[D].阜新:辽宁工程技术大学,2017.
[47] 王洪斌,王红,何群,等.基于深度信念网络的风机主轴承状态监测方法[J].中国机械工程,2018,29(8):948-953.
[48] 王华利,邹俊忠,张见,等.基于深度卷积神经网络的快速图像分类算法[J].计算机工程与应用,2017,53(13):181-188.
[49] 王箐谕.采煤机摇臂过约束连接销轴载荷特性分析[D].阜新:辽宁工程技术大学,2019.
[50] 王威,孙长杰,王丽,等.应用深度学习的生成对抗网络行星齿轮箱故障诊断技术研究[J].机械科学与技术,2020,39(1):117-123.
[51] 王小强,欧阳骏,黄宁淋.ZigBee 无线传感器网络设计与实现[M].北京:化学工业出版社,2012.
[52] 韦灼彬,高屹,曹军宏.基于盲源分离的结构模态参数识别与损伤诊断[M].北京:国防工业出版社,2019.
[53] 魏立新,魏新宇,孙浩,等.基于深度网络训练的铝热轧轧制力预报[J].中国有色金属学报,2018,28(10):2070-2076.
[54] 文常保,茹锋.人工神经网络理论及应用[M].西安:西安电子科技大学出版社,2019.
[55] 翁贝托·米凯卢奇.深度学习:基于案例理解深度神经网络[M].北京:机械工业出版社,2019.
[56] 邢海霞,程乐.一种基于强化学习的深度信念网络设计方法[J].控制工程,2019,26(11):2115-2120.
[57] 杨珺,佘佳丽,刘艳珍.基于深度置信网络的时间序列预测[J].深圳大学学报(理工版),2019,36(6):718-724.
[58] 杨智宇,刘俊勇,刘友波,等.基于自适应深度信念网络的变电站负荷预测[J].中国电机工程学报,2019,39(14):4049-4061.
[59] 易园园.变速变载工况下采煤机截割传动系统机电耦合动力学研究[D].重庆:重庆大学,2018.
[60] 尹海斌,钟国梁,李军锋.机器人刚柔耦合动力学[M].武汉:华中科技大学出版社,2018.
[61] 张礼才,张宏,张晓鹍.基于频域法的连续采煤机载荷识别及其特性研究[J].煤矿机械,2011,32(6):77-79.
[62] 张娜.基于小波分析的网格结构信号预处理和去噪研究[D].南昌:南昌大学,2019.
[63] 张鑫媛.基于数据驱动的采煤机摇臂传动系统故障诊断方法研究[D].西安:西安科技大学,2019.
[64] 张业林.采煤机摇臂传动系统动力学及传感器优化布置研究[D].徐州:中国矿业大

学,2014.

[65] 赵敏.基于新特征和小波变换的图像压缩编码算法[D].南京:南京邮电大学,2019.

[66] 郑芝艳.滚筒式采煤机截割部动力学及扭矩轴动力学性能研究[D].太原:太原理工大学,2019.

[67] 钟贵萍.采煤机截割部轴承故障诊断方法研究[D].西安:西安科技大学,2019.

[68] 周炬,苏金英.ANSYS Workbench 有限元分析实例详解:静力学[M].北京:人民邮电出版社,2017.

[69] 邹彤.基于 Fast ICA 算法的超高阶收敛盲信号分离技术研究[D].青岛:青岛大学,2019.

[70] 邹阳.基于多源数据的煤矿开采智能监控系统[D].武汉:华中科技大学,2016.

[71] ANDERSEN K,COOK G E,KARSAI G,et al.Artificial neural networks applied to arc welding process modeling and control[J]. IEEE Transactions on Industry Applications,1990,26(5):824-830.

[72] BELL A J,SEJNOWSKI T J. An information-maximization approach to blind separation and blind deconvolution[J].Neural Computation,1995,7(6):1129-1159.

[73] CARNEVALLI R A,SILVA S C D,BUENO A A O,et al.Herbage production and grazing losses in Panicum maximum cv.Mombaça under four grazing managements [J].Tropical Grasslands,2006,40(3):165-176.

[74] CHALOULI M,BERRACHED N E,DENAI M.Intelligent health monitoring of machine bearings based on feature extraction[J].Journal of Failure Analysis and Prevention,2017,17(5):1053-1066.

[75] DELORME A,MAKEIG S.EEGLAB:an open source toolbox for analysis of single-trial EEG dynamics including independent component analysis[J]. Journal of Neuroscience Methods,2004,134(1):9-21.

[76] DZIURZYNSKI W,KRACH A,PALKA T.Shearer control algorithm and identification of control parameters[J].Archives of Mining Sciences,2018,63(3):537-552.

[77] ELHOSENY M,SHANKAR K.Optimal bilateral filter and Convolutional Neural Network based denoising method of medical image measurements[J]. Measurement,2019,143:125-135.

[78] GHASSEMIAN H. A review of remote sensing image fusion methods[J]. Information Fusion,2016,32:75-89.

[79] HEYNS T,GODSILL S J,DE VILLIERS J P,et al.Statistical gear health analysis which is robust to fluctuating loads and operating speeds[J].Mechanical Systems and Signal Processing,2012,27:651-666.

[80] HYVARINEN A,OJA E.A fast fixed-point algorithm for independent component analysis[J].Neural Computation,1997,9(7):1483-1492.

[81] JUTTEN C,HERAULT J.Blind separation of sources,part I:an adaptive algorithm based on neuromimetic architecture[J].Signal Processing,1991,24(1):1-10.

[82] OJALA T,PIETIKAINEN M,MAENPAA T.Multiresolution gray-scale and rotation

invariant texture classification with local binary patterns[J].IEEE Transactions on Pattern Analysis and Machine Intelligence,2002,24(7):971-987.

[83] RAI A,UPADHYAY S H.A review on signal processing techniques utilized in the fault diagnosis of rolling element bearings[J].Tribology International,2016,96:289-306.

[84] SERYAKOV V M,RIB S V,FRYANOV VN.Stress state of a coal pillar in fully mechanized longwall mining in dislocation zone[J].Journal of Mining Science,2017,53(6):1001-1008.

[85] SYMONENKO V I,HADDAD J S,CHERNIAIEV OV,et al.Substantiating systems of open-pit mining equipment in the context of specific cost[J].Journal of the Institution of Engineers (India):Series D,2019,100(2):301-305.

[86] ZUO X N, KELLY C, ADELSTEIN J S, et al. Reliable intrinsic connectivity networks: test-retest evaluation using ICA and dual regression approach [J]. NeuroImage,2010,49(3):2163-2177.